상의 블라우스, 재킷, 조끼
의복구성실무

임자영 · 김윤일 공저

예신 Books

　지금까지 의류 봉제 산업은 낮은 임금과 풍부한 노동력을 기반으로 크게 성장하였다고 해도 지나치지 않는다. 그러나 이제는 세계적인 유행과 글로벌 시장 환경에 맞춰 고부가가치 상품을 서둘러 개발하고 세계시장을 주도해야 할 때이다. 그렇게 하기 위해서는 디자인, 소재, 패턴, 품질 관리뿐만 아니라 봉제 기술의 습득이 매우 중요하다.

　패션 디자인의 표현 방식은 직접적이고 근원적이며 체계적이어야 하지만, 패턴과 봉제 기술이 뒷받침되지 않으면 훌륭한 작품이 될 수 없다. 특히, 오늘날의 패션은 다양한 디자인과 소재 개발이 활발하게 이루어지기 때문에 디자이너가 요구하는 의도와 트렌드에 적합한 패턴 제작과 봉제 기술의 연구가 지속적으로 이루어져야 한다.

　이 책은 저자의 현장실무 노하우와 대학에서 쌓은 강의 경험을 토대로 다음과 같이 구성하였다.
▣ 의복구성의 기초
▣ 봉제 기초 및 부분 봉제
▣ 아이템별 제작
▣ 아이템별 패턴메이킹

　특히, 아이템별 제작 및 패턴메이킹은 저자가 직접 경험한 실무 프로세스와 학교에서 학생들과 함께 수업을 진행하면서 축적한 과제들을 선별하여 수록함으로써 현장에 바로 활용할 수 있도록 하였고, 패션을 처음 접하는 학생들도 쉽게 이해할 수 있도록 그림과 사진 위주로 설명하였다.

　아쉽게도 의복구성 영역에 있어 봉제와 패턴에 대한 내용은 지면의 한계로 모두 수록하지 못하였다. 그러나 그동안의 현장실무와 교육경험을 살려 최대한 독자의 입장에서 내용을 설명하려고 노력하였고, 의복구성의 기본에 충실히 하고자 최선을 다하였다.

　이 책이 패션을 공부하는 학생들이나 의복구성에 관심 있는 분들에게 많은 도움이 되길 바라며, 사계절 내내 바쁜 시간을 내어 집필에 많은 도움을 주신 이주원, 박경아 선생님과 부족한 원고를 맡아 고생하신 도서출판 예신 편집부 직원 여러분께 감사의 마음을 전한다.

저자 일동

차 례

차 례

3 아이템별 제작

CONTENTS

■ Tailored Collar Jacket

차 례

1

의복구성의 기초

- 필요한 용구
- 인대(바디) 기준선
- 제도 약자
- 인체 계측법
- 제작 시 필수 준수사항

1 의복구성의 기초

필요한 용구

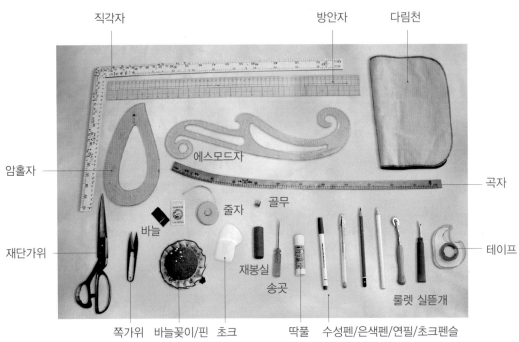

직각자　　　방안자　　　다림천

암홀자

에스모드자

곡자

재단가위

줄자　골무

바늘

재봉실

테이프

쪽가위　바늘꽂이/핀　초크　딱풀　수성펜/은색펜/연필/초크펜슬

송곳

룰렛 실뜯개

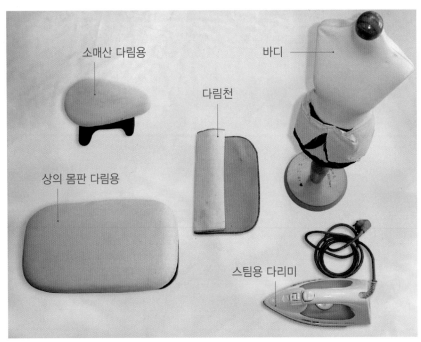

소매산 다림용　　　바디

다림천

상의 몸판 다림용

스팀용 다리미

1-2　인대(바디) 기준선

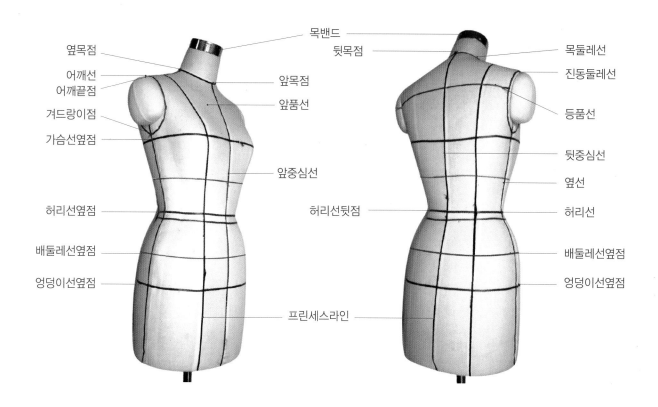

옆목점
어깨선
어깨끝점
겨드랑이점
가슴선옆점
허리선옆점
배둘레선옆점
엉덩이선옆점

목밴드
뒷목점
앞목점
앞품선
앞중심선
허리선뒷점
프린세스라인

목둘레선
진동둘레선
등품선
뒷중심선
옆선
허리선
배둘레선옆점
엉덩이선옆점

1-3　제도 약자

번호	기호	기호의 뜻	영어	번호	기호	기호의 뜻	영어
1	B	가슴둘레	bust girth	10	N.L	목둘레선	neck line
2	W	허리둘레	waist girth	11	E.L	팔꿈치선	elbow line
3	H	엉덩이둘레	hip girth	12	K.L	무릎선	knee line
4	N	목둘레	neck line	13	N.P	목점	neck point
5	B.L	가슴선	bust line	14	B.P	유두점	bust point
6	W.L	허리선	waist line	15	S.P	어깨점	shoulder point
7	H.L	엉덩이선	hip line	16	A.H	진동둘레	arm hole
8	M.H.L	가운데 엉덩이선	middle hip line	17	H.S	머리둘레	head size
9	M.P	원형종이 접음	manipulation	18	B.R	유상동	breast

인체 계측법

인체 사이즈를 잴 때는 뒷면(등쪽)의 가로, 세로의 순서로 먼저 계측한 후 앞면의 가로, 세로를 계측한 다음 둘레를 잰다.

1	어깨너비	왼쪽 어깨점에서 목점을 지나 오른쪽 어깨점까지의 너비
2	뒤품	등의 양쪽 겨드랑이 사이의 너비
3	등길이	뒷목점에서 허리선까지의 세로 길이
4	상의길이	디자인에 따라 뒷목점에서 필요한 위치까지의 세로 길이(디자인에 따라 길이를 정한다)
5	총길이	뒷목점에서 바닥까지의 세로 길이
6	엉덩이길이	허리옆점에서 엉덩이의 가장 높은 지점까지의 길이
7	스커트길이	뒤 허리 중앙에서부터 원하는 길이까지 잰 길이(디자인에 따라 길이를 정한다) ※ 드레스의 경우 패치코트 착용 여부와 구두 높이를 체크하여 길이를 재야 실수가 없다.
8	바지길이	허리옆점에서부터 발목점까지 잰 길이(디자인에 따라 길이를 정한다.)
9	다리길이	허리옆점에서부터 바닥까지 잰 길이
10	밑위길이	의자에 앉은 상태에서 허리옆점에서부터 의자 바닥까지 잰 길이
11	바짓부리	바지 밑부분의 너비를 잰 길이(디자인에 따라 길이를 정한다)
12	앞품	앞면에서 양쪽 겨드랑이 사이의 너비
13	유폭	유두점(B.P)과 유두점 사이의 너비
14	유장	어깨가 시작되는 옆목점에서 유두점까지의 길이
15	앞길이	어깨가 시작되는 옆목점에서 유두점을 지나 허리선까지 잰 길이
16	목둘레	목의 밑부분을 한바퀴 돌려 둘레를 잰 길이
17	윗가슴둘레	겨드랑이 바로 아래 몸체의 둘레
18	가슴둘레	유두점을 지나는 가슴둘레를 수평으로 둘레를 잰 길이
19	허리둘레	허리에 고무줄을 매면 자연스럽게 인체의 허리선에 위치하는데, 그 허리선을 수평으로 둘레를 잰 길이
20	배둘레	허리와 엉덩이의 중간을 수평으로 둘레를 잰 길이
21	엉덩이둘레	엉덩이길이에 해당하는 곳을 수평으로 둘레를 잰 길이
22	소매길이	기본 원형 소매길이는 어깨점에서 팔꿈치를 지나 손목점까지의 길이 ※ 디자인에 따라 원하는 길이까지 잰다.
23	진동둘레	겨드랑이 밑을 통과하여 어깨 끝까지 한바퀴 돌려 둘레를 잰 길이
24	소매둘레	겨드랑이 아래 가장 굵은 부분을 수평으로 둘레를 잰 길이 ※ 디자인에 따라 길이의 소맷부리 둘레를 잰다.
25	팔꿈치둘레	팔꿈치 둘레를 잰 길이
26	소맷부리	손목둘레를 한바퀴 돌려 둘레를 잰 길이

(　　　　 패턴 제도 시 주로 계측하는 부분)

☀ 제도에 사용하는 기호

기 호	내 용	기 호	내 용
————————	완성선		교차표
———————	임시선		맞붙임표(합표)
—·—·—·—·—	안단선		줄임표
- - - - - - - - -	꺾임선		늘림표
	심지선		절개표
	등분선		외주름
	같은 등분 표시		맞주름
◎ △ ‖	등치수표	←——————→	세로올 방향
	맞춤표(너치 표시)	——————→	결 방향
	바이어스		단춧구멍
	접음표		단추 달림
— — — — — —	골선		다트 표시
	골표		직각 표시

1-5 제작 시 필수 준수사항

패턴(옷본) 확인
1. 도식화 보기 2. 패턴의 개수 3. 솔기선(조각) 편차 4. 맞춤 표시 5. 오그림(이즈) 6. 식서선 7. 제도 부호 표시

원단의 겉과 안 구별
1. 원단의 겉과 안을 구별해 놓는다. 2. 원단의 겉과 안은 광택, 염색, 문양, 조직 등을 살펴보고, 직물의 양쪽 끝단의 식서에 구멍이 움푹 들어간 쪽을 겉으로 본다. 3. 능직으로 짠 모직물은 능선이 오른쪽 위에서 왼쪽 아래로 되어 있는 쪽을 겉으로 본다. 4. 최근에 능직으로 짠 면직물 등은 능선이 왼쪽 위에서 오른쪽 아래로 서로 바뀌는 경우도 있으니 주의한다.

원단의 마름질(marking) 배치
1. 원단의 안쪽이 보이도록 접어서 펴놓은 다음 패턴을 원단 안쪽에 놓는다. 2. 패턴 설계 시 표시된 식서 방향과 원단의 식서(결) 방향에 맞춰 놓는다. 3. 패턴은 큰 것부터 배치하고, 여백(공간)을 활용하여 작은 것을 배치하도록 한다. 4. 원단의 특성에 따른 배치, 체크 등 문양 특색을 살려 위, 아래를 확인한 후 맞춰 놓고 재단한다.

옷감의 부위별 시접 너비
1. 시접의 분량은 봉제 방법과 재료, 옷감의 두께에 따라 정해지지만 곡선 부분은 시접을 적게 두어야 바느질이 곱게 된다. 재단할 때는 시접을 약간 넉넉히 두었다가 봉제 시 시접을 처리할 때 잘라 버리도록 한다. 2. 너비는 아래 부분에 중량감을 주기 위해 얇은 감은 보통보다 1cm 정도 더 넓게 하고, 두꺼운 감은 1cm 정도 좁게 한다.

기본 시접 치수	① 프린세스 라인 : 1~1.2cm
	② 어깨와 옆선 : 1.2~1.5cm
	③ 허리선, 요크선, 앞단, 칼라, 목둘레, 진동둘레 : 1cm
	④ 소맷단, 지퍼단, 블라우스단 : 4cm
	⑤ 스커트, 팬츠, 재킷의 단 : 4.5~5cm
	⑥ 가름솔 : 1.2~1.5cm
	⑦ 쌈솔 : 1.2~1.5cm
	⑧ 통솔 : 1~1.2cm

봉제 시 기본적으로 지켜야 할 사항

1. 봉제의 땀(스티치) 간격이 고르게 되도록 한다. 예 일반적으로 1cm 안에 5~6땀 정도
2. 박음질이 완성선 등을 이탈하여 구멍(봉탈)이 생기지 않도록 한다.
3. 오그림 봉제기법을 제외하고 봉제선 주름(puckering)이 생기지 않도록 한다.
4. 완성선으로 박은 시접은 의도한 대로 고르게 보이도록 한다.
5. 완성품 제작 및 마무리는 실밥 제거 등 의도한 디자인 실루엣이 나오도록 끝손질을 한다.

원단의 종류에 따른 실 선택

실크	견사	본바느질 스트레치 원단	코아사
면	면사	혼방류	폴리에스테르사
니트 섬유류	스판사	스커트, 바지 밑단용	투명사
시침바느질 (가봉) 실	면사 (반드시 면사를 사용)	* 한 올의 실은 단사, 두 올 이상 합쳐 꼬아진 실은 합사이다.	

봉제 후 시접 처리 방법

1. 여러 겹의 시접을 한번에 자르면 겉으로 뒤집었을 때 완성선이 투박하고 매끈하지 않으므로 그레이드(grade)법으로 잘라야 한다.
2. 심지, 겉면 쪽, 안쪽의 시접을 구별해서 차이를 두어 자른다.
3. 곡선 부분에는 가윗집을 주고 칼라 끝과 모서리가 있는 곳은 0.2~0.3cm 정도 남기고 시접을 잘라서 정리한다.

접착 심지 부착법
1. 다리미 온도를 WOOL에 맞춘다.
2. 옷감에 주름이 있거나 식서가 올바르지 않으면 다림질하여 바르게 잡고 주름을 편다.
3. 접착심의 반짝반짝한 부위 또는 오돌토돌한 부위에 접착제가 붙어 있으므로 그 부위를 옷감의 안쪽에 놓는다.
4. 다림천을 위에 덮고 5~10초씩 압력을 가하여 다리미를 살짝살짝 움직이면서 접착시킨다.

다림질 온도 조건표		
섬유	다림질 온도(℃)	섬유의 종류와 온도를 테스트한 후 다림질한다.
아마	160~180	
면	160~170	
양모	130~150	약간의 수분이 있을 때 다림질하는 것이 좋다.
레이온	130~140	
견	120~130	
아세테이트	100~120	
나일론	100~120	열에 약하므로 낮은 온도로 다림질하는 것이 안전하다.
폴리에스테르	100~120	

2

봉제 기초 및
부분 봉제

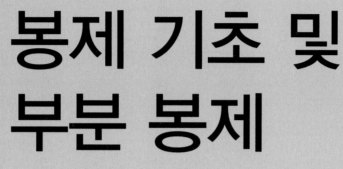

2 봉제 기초 및 부분 봉제

2-1 **기초 손바느질**

손바느질 종류

- 잔 홈질
- 굵은 홈질
- 박음질
- 반박음질
- 시침질
- 어슷시침질

- 팔자뜨기
- 실표뜨기
- 감침질
- 공구르기
- 새발뜨기
- 한올 박음질

- 블랭킷 스티치
- 실고리 만들기
- 단춧구멍 만들기
- 단추 달기
- 훅 & 아이 달기
- 걸고리 달기

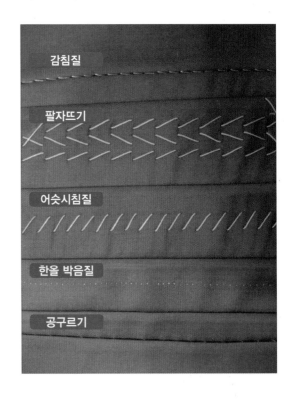

1 잔 홈질

잔 홈질

땀수가 작고 규칙적이며, 앞면과 뒷면에 같은 모양의 실 땀이 나타난다. 손바느질의 기초가 된다.

▲ 개더를 잡거나 솔기를 붙이거나 소매산 등에 오그림을 할 때 쓰인다.

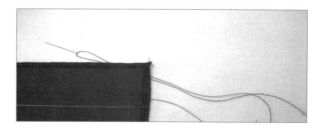

1. 두 장의 원단을 맞대어 뒷면 쪽에서 매듭한 뒤 바늘을 앞면 쪽으로 올려 0.2~0.3cm 간격으로 한 땀 뜨고, 바늘을 뒷면 쪽으로 보낸다.

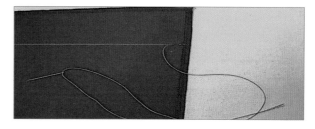

2. 뒷면 쪽에서 0.2~0.3cm 간격으로 한 땀을 뜬 후 바늘을 앞면 쪽으로 보낸다. 이와 같은 방법으로 반복해서 뜬다.

2 굵은 홈질

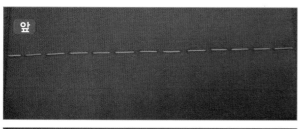

굵은 홈질

두 장의 원단을 맞대어 곡선이나 어려운 솔기 및 선을 붙일 때 시침하는 데 주로 쓰인다. 뒷면에 0.2~0.3cm 간격으로 실 땀이 나타난다.

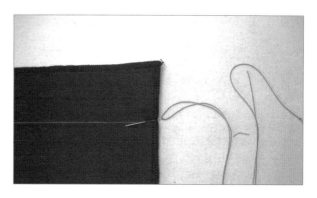

1. 두 장의 원단을 맞대어 뒤쪽에서 매듭한 뒤 바늘을 앞면 쪽으로 1~1.5cm 한 땀을 뜨고, 바늘을 뒷면 쪽으로 보낸다.

2. 뒷면 쪽에서 0.2~0.3cm 한 땀을 뜬 후 바늘을 앞면 쪽으로 보낸다. 이와 같은 방법으로 반복해서 뜬다.

3 박음질

앞

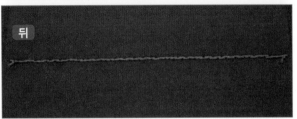

뒤

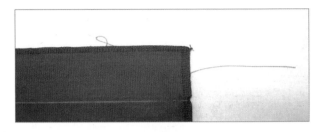

1. 두 장의 원단을 맞대어 오른쪽 뒷면 쪽에서 매듭한 뒤 바늘을 앞면 오른쪽 방향으로 0.2~0.3cm 한 땀을 뜨고, 바늘을 뒷면 쪽으로 보낸다.

【 박음질 】

땀을 한 땀 분량만큼 뒤로 되돌아와 다시 뜨는 방법이며, 재봉틀로 박음질한 모양으로 공간 없이 실 땀으로 이어진다. 뒷면은 실이 겹쳐진 모양이다.

2. 뒷면 쪽에서 왼쪽으로 0.4~0.6cm 한 땀을 뜬 후 바늘을 앞면 쪽으로 올려 0.2~0.3cm로 오른쪽으로 뜨고, 바늘을 뒷면 쪽으로 보낸다. 이와 같은 방법으로 반복해서 뜬다.

♛ 박음질은 섬세하고 가장 튼튼한 바느질이다.

4 반박음질

앞

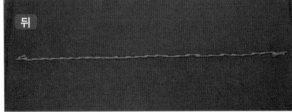

뒤

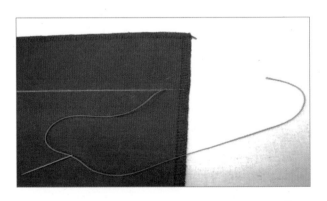

1. 두 장의 원단을 맞대어 오른쪽 뒷면 쪽에서 매듭한 뒤 바늘을 앞면 쪽으로 꽂는다.

【 반박음질 】

땀을 공간의 반 땀 분량만큼 되돌아와서 뜨는 바느질이다. 박음질과 같은 방법이나 홈질과 박음질을 섞는 방법이다.

♛ 반박음질을 하면 바느질을 튼튼하게 빨리 할 수 있다.

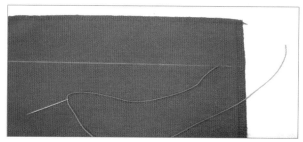

2. 앞면 쪽에서 오른쪽 방향으로 0.1~0.2cm 한 땀을 뜬 후 바늘을 뒷면 쪽으로 보낸다.

3. 바늘을 뒷면 쪽에서 왼쪽으로 0.3~0.6cm 한 땀을 뜬 후 바늘을 앞면 쪽으로 꽂고, 오른쪽 방향으로 0.1~0.2cm 뜬 후 바늘을 뒷면 쪽으로 보낸다. 이와 같은 방법으로 반복해서 뜬다.

5 시침질

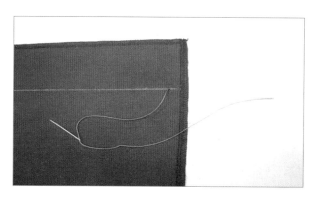

1. 두 장의 원단을 맞대어 오른쪽 뒷면 쪽에서 매듭한 뒤 바늘을 앞면 쪽으로 꽂는다.

시침질

본바느질을 할 때 두 장의 옷감을 임시로 고정하거나 곡선 및 소매를 달 때 완성선에서 조금 안쪽으로 시침하는 바느질이다. 뒷면에 0.5~0.7cm 간격으로 실 땀이 나타난다.

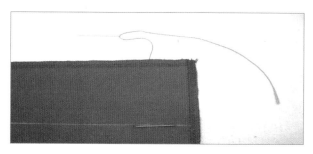

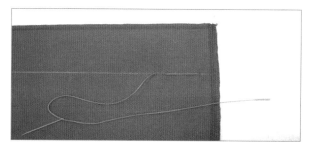

2. 앞면 쪽에서 왼쪽 방향으로 길게 3~4cm 한 땀을 뜬 후 바늘을 뒷면 쪽으로 보낸다.

3. 뒷면 쪽에서 왼쪽 방향으로 짧게 0.5~0.7cm로 한 땀을 뜬 후 바늘을 앞면 쪽으로 꽂는다. 이와 같은 방법으로 반복해서 뜬다.

6 어슷시침질

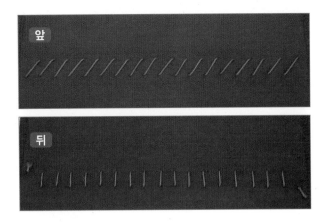

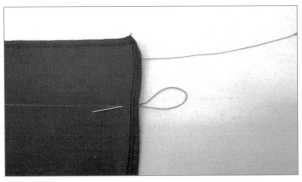

1. 뒷면 쪽에서 매듭한 뒤 바늘을 앞면 쪽으로 꽂는다.

어슷시침질

테일러드 재킷 칼라와 라펠 앞단 등 다림질하기 전 형태를 고정시킬 때 쓰는 방법으로, 뒷면에 0.5~1cm 수직으로 실 땀이 나타난다.

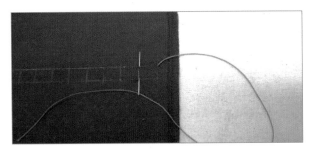

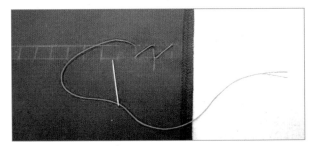

2. 앞면 쪽에서 바늘을 사선 방향 1~3cm 간격으로 꽂고, 수직으로 0.5~1cm 한 땀을 뜬다.

3. 바늘을 사선 방향 1~3cm 간격으로 꽂고 수직으로 한 땀을 뜬다. 이와 같은 방법으로 반복해서 뜬다.

7 팔자뜨기

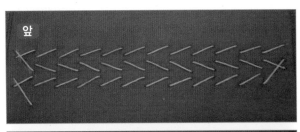

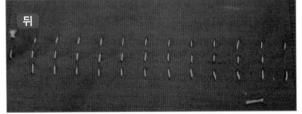

팔자뜨기

테일러드 재킷 칼라와 심지를 부착하는 바느질이다. 어슷시침 방법으로 시작하여 서로 다른 쪽 방향에서 시작하면 시침 모양이 八자 모양으로 나타난다.

♨ 뒷면에 0.2~0.5cm 수직으로 실 땀이 나타나야 하며, 가능한 짧은 실 땀이 나타나야 한다.

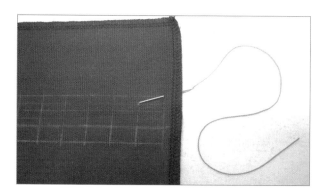

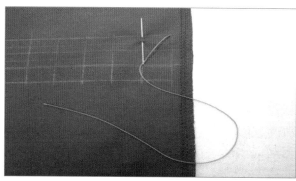

1. 뒷면 쪽에서 매듭한 뒤 바늘을 앞면 쪽으로 꽂는다.

2. 앞면 쪽에서 바늘을 사선 방향으로 0.5~1.5cm 간격으로 꽂고, 수직으로 0.2~0.5cm 한 땀을 뜬다.

3. 바늘을 사선 방향으로 0.5~1.5cm 간격으로 꽂고, 수직으로 한 땀을 뜬다. 이와 같은 방법으로 반복해서 뜬다.

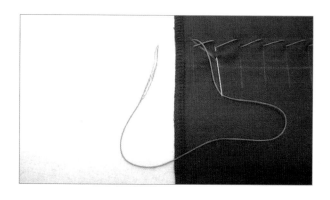

♛ 팔자뜨기는 바느질 방법이 어슷시침과 같으나 땀이 더 작고 촘촘하다.

8 실표뜨기

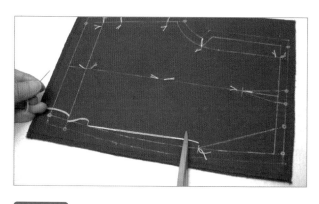

실표뜨기

두 장으로 재단된 옷감에 패턴의 완성선을 표시하는 방법이다.

♛ 송곳이나 너치로 표시하지 못할 경우 굵은 면사 2올을 사용하여 완성선을 따라 시침하고, 표면에는 길게 1cm 이상 남겨 가위로 실 땀의 중간을 자른다.

1. 한 장의 옷감을 약간 제치고 옷감과 옷감 사이를 벌려 실이 빠져 나오지 않도록 조심스럽게 자르면 두 장에 똑같이 완성선이 표시된다.

2. 직물의 표면에 길게 남아 있는 실 땀은 짧게 잘라준다.

주의 가위 끝에 원단이 잘리지 않게 한다.

9 감침질

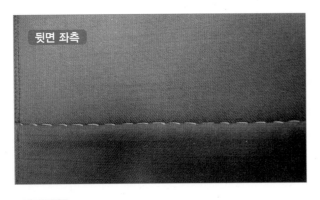

뒷면 좌측

감침질

안쪽에는 사선의 감침 모양이 나타나고, 겉감 겉면에는 실 땀이 나타나지 않게 한다.

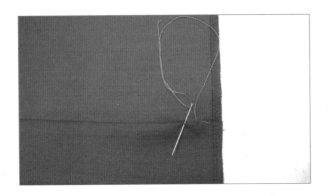

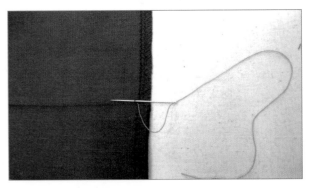

1. 겉감 안쪽 면의 단분과 맞닿는 부분에 한 올 뜨고, 같은 지점에 접혀 있는 시접단을 한 땀 뜬다.

2. 다음 겉감 안쪽 면을 한 올 뜬다.

3. 겉감 안쪽 면을 한 올 뜨면서 동시에 접혀 있는 시접단을 뜨고, 전진하는 방향으로 0.5~1cm 간격의 실 땀을 뜬다. 이와 같은 방법으로 반복해서 뜬다.

10 공구르기

뒷면 좌측

공구르기

바늘이 단을 접은 안쪽에 들어가므로 실 땀이 겉이나 안에서 거의 보이지 않는다.

👑 공구르기는 밑단 부분에 많이 쓰이는 바느질 방법이다.

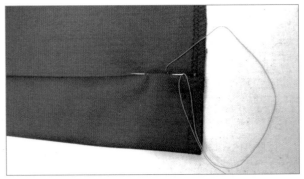

1. 겉감 안쪽 면에 단분과 맞닿는 부분을 한 올 뜬다.

2. 접힌 단분 시접 안쪽에 0.5~1cm 간격으로 바늘을 통과시켜 전진하는 방향 쪽으로 뜬다.

11 새발뜨기

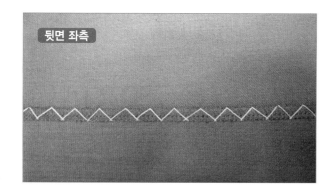

새발뜨기

바이어스 단이나 신축성이 있는 편직물, 두꺼운 옷감, 안단을 겉감에 고정할 때 주로 사용하며, 겉면에 실 땀이 보이지 않게 한다.

🔱 보통 옷감에도 단을 튼튼하게 할 때 왼쪽에서 오른쪽으로 바느질한다.

1. 왼쪽 솔기에서 매듭하여 밑단분 시접에 한 올 뜬다.

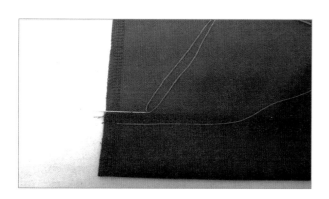

2. 대각선으로 겉감 안쪽 면에 한 올 뜬다.

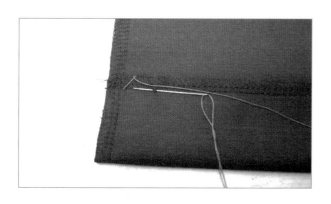

3. 밑단 시접을 뜨면 새 발자국 모양이 된다. 이와 같은 방법으로 반복해서 뜬다.

🔢 한올 박음질

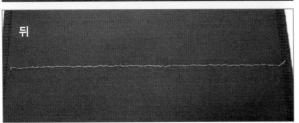

박음질과 같은 방법이나 겉감 쪽 땀은 역방향으로 한 올만 뒤로 가게 하여 뜬다. 뒷면에는 실이 한 올 정도 겹쳐 나타난다.

☙ 한올 박음질은 장식용 숨은 스티치를 할 때 쓰인다.

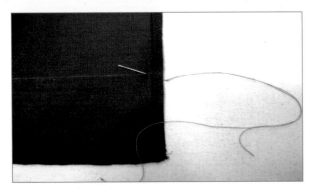

1. 겉감 안쪽 면에 매듭한 뒤 바늘을 겉감의 겉면 쪽으로 꽂는다.

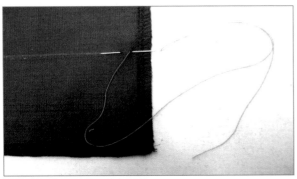

2. 바늘이 겉감 겉면으로 올라온 상태이다. 한 올 정도 오른쪽 방향으로 바늘을 꽂고 겉감 안쪽으로 보낸다.

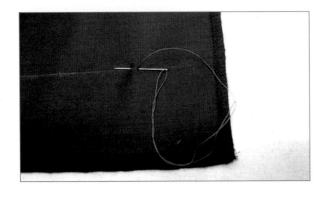

3. 겉감 안쪽 면에서 왼쪽으로 0.3~0.6cm 한 땀을 뜨면서 바늘을 겉감 겉면 쪽으로 꽂아 올린다. 이와 같은 방법으로 반복해서 뜬다.

🔳 블랭킷 스티치

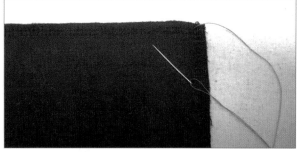

블랭킷 스티치

원단의 가장자리 올 풀림이나 단춧구멍, 훅과 아이를 달 때 쓰인다. 각 땀에 매듭이 생겨 올이 풀리지 않게 한다.

1. 두 장의 원단을 맞대어 원단 사이에 매듭한 뒤 한쪽 원단 겉으로 바늘을 꽂은 다음 솔기 가장자리에 한 땀 매듭하여 뜬다.

🪶 블랭킷 스티치 방법은 역순으로도 할 수 있다.

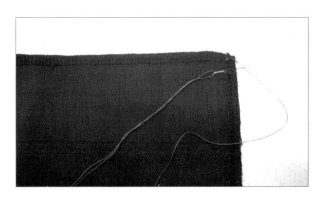

2. 땀 간격을 정해 두 장의 원단을 맞잡고, 바늘을 겉면에서 뒷면 쪽으로 꽂아 실을 바늘 아래 두고 뺀다.

3. 버튼홀에 연결된 실을 바늘 아래 두고 바늘을 통과시킨다. 이와 같은 방법으로 반복해서 뜬다.

🔳 실고리 만들기

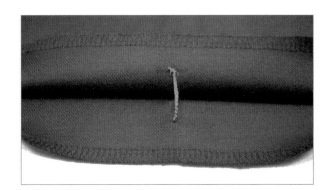

1. 실고리(체인 스티치)는 주로 겉감과 안감을 연결하는 데 쓰인다.

2. 먼저 둥근 고리를 한 개 만들고 계속해서 체인을 만든 후 마지막에는 고리 사이로 바늘을 뺀다.

15 단춧구멍 및 단추 달기

1. 단춧구멍과 단추 달기가 완성된 모습

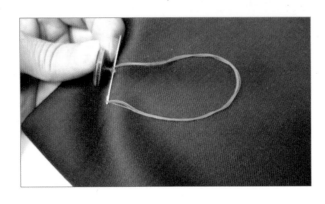

2. 단추를 달 때는 앞단의 두께만큼 실기둥을 세우고 달아야 단추를 끼웠을 때 편안한 모양이 된다.

16 버튼홀 스티치

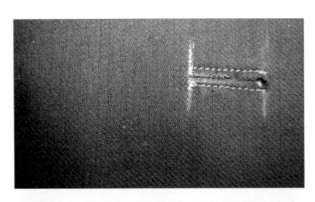

1. 단춧구멍 표시 : 단추 지름 + 단추 두께

2. QQ(새눈 단춧구멍)는 안단에 표시한다.

3. 전체 0.4cm로 땀수를 작게 두 줄로 박음질한다.

4. 두 줄 가운데를 자르면서 앞길 쪽은 둥글게 한다.

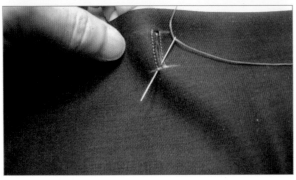

5. 일자로 자른 꼬리 쪽 안단에서 겉면 위로 바늘을 뺀다.

6. 다시 한번 제자리에서 안단에서 바늘을 위로 꽂는다.

7. 바늘기둥에 실을 한번 걸어주고 빼낸다.

8. 각 땀마다 매듭이 생겨서 올이 풀리지 않는다.

9. 이와 같은 방법으로 반복해서 뜬다.

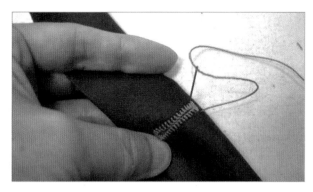

10. 단춧구멍 꼬리의 마무리는 양쪽으로 두세 번 왕복뜨기한다.

11. 잘린 중앙 위치의 점에서 앞, 뒤로 왕복뜨기하고 매듭을 한 뒤, 바늘을 꽂아 엉뚱한 곳으로 빼고 실을 자른다.

17 훅 & 아이 달기

1. 완성된 단 끝에서 0.5cm 정도 들어와 위치를 정한 다음 훅을 단다.

2. 훅이 달린 단을 여며서 벌어지거나 당겨지지 않은 위치에 아이를 단다.

3. 부채 살 모양으로 돌아가면서 버튼홀 스티치를 하며 달아준다.
   주의 겉단에 실 땀 표시가 나지 않아야 한다.

18 걸고리 달기

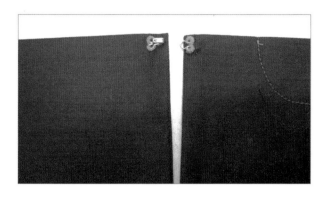

1. 완성된 단 끝에서 거는 걸고리는 0.2cm 들어가게 단다.

2. 반대쪽에 걸리는 단의 끝선에서 0.2cm 나오게 단다.

3. 부채살 모양으로 돌려가며 버튼홀 스티치하며 단다.

👑 버튼홀 스티치를 하며 달 때 겉감 겉으로 표시가 나지 않도록 한다.

기초 재봉의 이해 및 연습

1 재봉틀 사용법 및 몸체의 부분 명칭

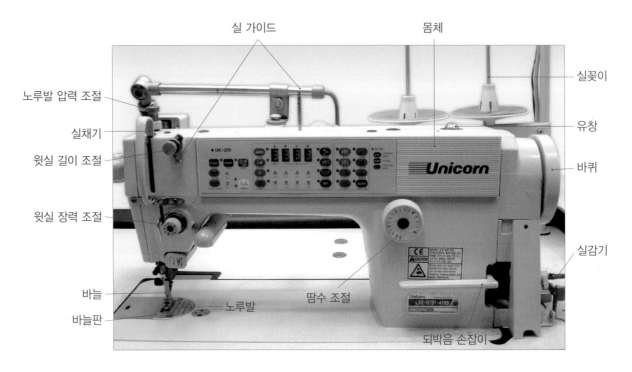

2 밑실 감기

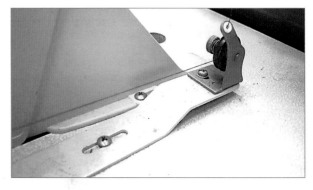

1. 실을 실꽂이에 끼워서 올려놓고 뒤에서 앞으로 실을 홈에 통과시킨다.

2. 실 가이드 구멍에 실을 끼우고 실 장력 조절장치 원반 사이를 통과시킨다.

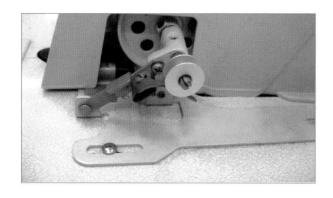

3. 북을 실감는 축에 놓고 실을 약간 감아 북누름 장치를 앞쪽으로 밀어준다.

🔅 북에 밑실을 70~80% 정도 감아주면 적당하다.

3 북집에 밑실 끼우기

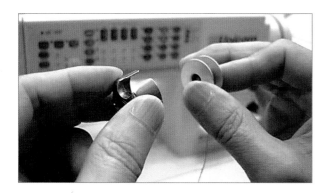

1. 북에 감긴 실이 뒤에서 앞으로 감기는 방향으로 북을 북집에 넣는다.

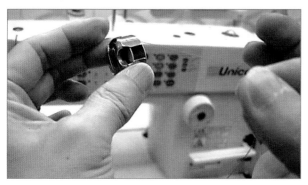

2. 실을 감고, 북집의 단절된 홈 사이의 밑실 장력 조절나사가 있는 사이로 실을 끼운다.

3. 실이 홈에 잘 놓이게 넣고 잡아당긴다.

4 가마(훅)에 북집 넣기

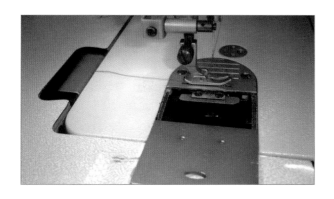

1. 침판을 살짝 열고 북집에 달린 손잡이 키를 엄지와 검지 손가락으로 잡아 재봉틀 가마에 끼워넣는다.

2. 실 끝을 아래로 정리한 후 침판을 닫는다.

🔅 1. 북집을 가마에 끼워넣고 난 다음 '뚝' 소리가 나는지 확인한다.
　 2. 북의 실 끝 길이가 너무 짧으면 밑실이 위로 올라오지 않는다.

5 윗실 끼우기

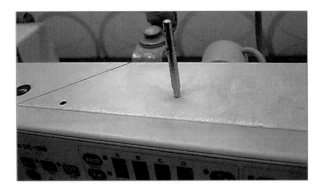

1. 실 가이드 위쪽 구멍과 아래쪽 구멍에 실을 돌려 통과시킨다.

2. 실 가이드 위쪽 구멍으로 실을 통과시킨 뒤, 두 원반 사이에 끼우고 아래쪽 구멍으로 실을 통과시킨다.

3. 실을 윗실 압력 조절기의 두 원반 사이로 통과시킨 뒤 스프링에 걸고 내려서 가이드 위로 걸어준다.

4. 실이 실채기 구멍 오른쪽에서 왼쪽으로 통과하여 아래쪽으로 내려가게 한다.

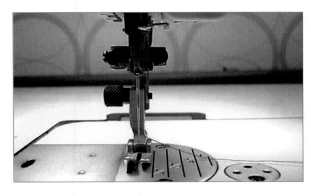

5. 실을 마지막 가이드에 통과시켜 바늘귀 홈의 왼쪽에서 오른쪽 방향으로 끼워준다.

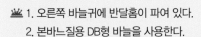
1. 오른쪽 바늘귀에 반달홈이 파여 있다.
2. 본바느질용 DB형 바늘을 사용한다.

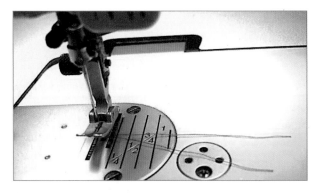

6. 윗실을 왼손으로 잡고, 오른손으로 바퀴를 앞쪽 방향으로 반 바퀴 정도 돌리면 바늘이 아래로 한 번 박혔다가 올라오면서 밑실을 걸어 올려준다.

6 오버로크 전개도

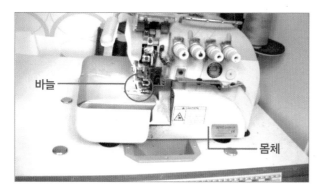

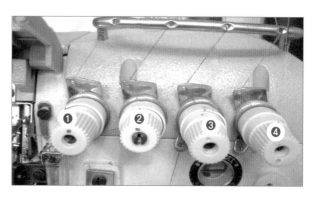

1. 니혼 오버로크는 바늘대 한 개에 두 구의 바늘이 끼워져 있다.

2. 바늘은 오버로크용 DC형을 끼우고 실은 4개를 끼워 사용한다.

3. 바늘귀 뒤쪽에 반달홈이 파여 있다.

4. 4개의 실 압력 조절기를 거쳐 윗실, 밑실, 바늘 두 구의 실을 컨트롤한다.

👑 **실 압력 조절기의 역할**

❶ 넓은 상침 박음질 실 ❷ 좁은 상침 박음질 실
❸ 윗실 가로폭 실 ❹ 밑실 가로폭 실

5. 바늘대에 두 구의 DC형 바늘을 끼우고 상침 박음질한다.

👑 왼쪽 바늘은 넓은 상침 박음질, 오른쪽 바늘은 좁은 상침 박음질에 사용하며, 오버로크용은 오른쪽 바늘만 끼워서 사용한다.

6. 오른쪽 커버를 열면 1개의 랍바가 있으며, 윗실 가로폭 실을 재봉해준다.

7. 왼쪽 커버를 열면 1개의 랍바가 있으며, 밑실 가로폭 실을 재봉해준다.

7 원단 소재에 적합한 실과 바늘

바 늘	실 번수	원 단
9번	100번 수	얇은 천(실크, 면 등)
11번	80번 수	조금 얇은 천(합성섬유)
14번	60번 수	보통 섬유(혼방 종류, 광목 등)
16번	40번 수	두꺼운 천(진 종류, 가죽 등)

8 노루발 압력 조절 및 땀수 조절법 (재봉기 출하 세팅값 기준)

원 단	압력 조절	땀수 조절 (다이얼)
얇은 천(실크, 면 등)	풀어준다.	1~2
보통 섬유(혼방 종류, 광목 등)	반쯤 조여준다.	2.5
두꺼운 천(진 종류, 가죽 등)	조여준다.	3~3.5
시침바느질의 경우	반쯤 조여준다.	5

※ 기종에 따라 약간의 차이가 있을 수 있으므로 테스트 후 조절한다.

9 직선 박기

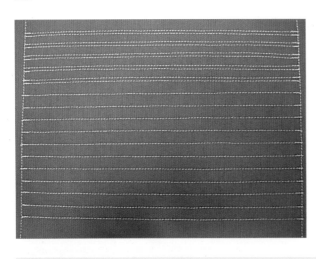

1. 원단에 1cm 간격으로 선을 그린다.

2. 재봉틀 땀수는 중간 정도(2~2.5)로 맞춘다.

3. 윗실과 밑실은 다른 실을 사용하며, 서로 같이 잡고 10cm 정도 당겨 빼낸 뒤 노루발을 들어 뒤쪽으로 보낸다.

4. 박음질 시작점에 바늘을 꽂고 노루발로 실을 눌러둔다.

5. 박음질이 풀리지 않도록 느린 속도로 시작과 끝을 0.5 cm 정도 되박음질한다.

👑 원단을 두 겹으로 맞대고 박음질할 때는 윗자락 원단이 밀리기 쉬우므로 밑자락 원단은 오른손으로 약간 당기듯 잡아주고, 윗자락 원단은 왼손으로 미는듯 박음질하면 밀리는 현상을 줄일 수 있다.

🔟 곡선 박기

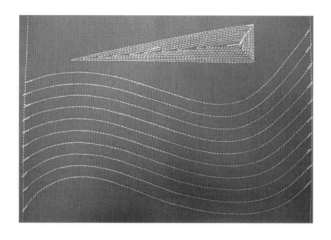

곡선 부분을 박음질할 때는 곡선 방향을 따라 원단을 손가락으로 적당히 눌러 밀어주듯이 박음질한다.

🌱 곡선 부분을 박음질할 때는 상체도 같이 자연스럽게 따라 움직인다.

2-3 솔기 처리법

솔기의 종류

- 가름솔
- 가름솔(오버로크)
- 가름솔(접어박기)
- 가름솔(휘감치기)
- 바이어스 테이프 만들기

- 가름솔(바이어스 테이프)
- 뉨솔(바이어스 테이프)
- 뉨솔(오버로크)
- 뉨솔(접어박기)
- 쌈솔

- 통솔
- 각진 솔기
- 곡선 솔기

1 가름솔

1. 원단의 안쪽 면에서 양쪽으로 갈라 다림질한다.

2. 솔기 처리 방법 중 일반적으로 많이 사용한다.

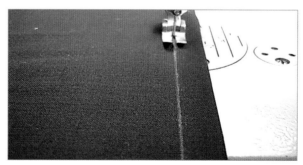

3. 원단의 겉과 겉을 맞대고 시작과 끝부분을 되박음질하며 박음질한다.

4. 일반적으로 시접은 1~1.5cm로 한다.

② 가름솔(오버로크)

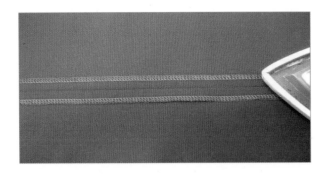

1. 시접분의 솔기를 오버로크하여 시접 가장자리가 풀리지 않게 한다.

2. 양쪽으로 갈라 다림질한다.

③ 가름솔(접어박기)

1. 원단의 안쪽 면에서 양쪽으로 갈라 다림질한다.

2. 블라우스 등 얇은 원단의 시접 처리 방법으로 주로 사용한다.

3. 솔기선 시접 분량은 1.5cm 정도 재단한다.

4. 시접분의 솔기를 오버로크 처리한 후 가장자리 시접을 0.5cm 접어 넣고 0.2~0.3cm 박음질한다.

④ 가름솔(휘감치기)

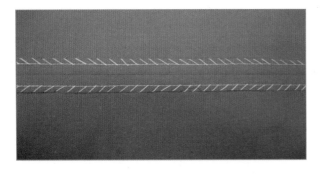

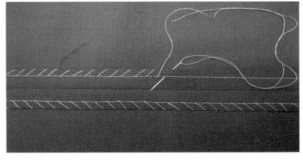

1. 원단의 안쪽 면에서 양쪽으로 갈라 다림질한다.

2. 원단의 올이 풀리지 않도록 시접 끝을 처리해주면서 감침질한다.

3. 원단의 솔기를 가름솔하여 시접 끝을 0.3~0.5cm 박음질한 뒤 시접의 끝을 0.1~0.5cm 간격으로 올이 풀리지 않도록 촘촘하게 손바느질로 휘감치기한다.

5 바이어스 테이프 만들기

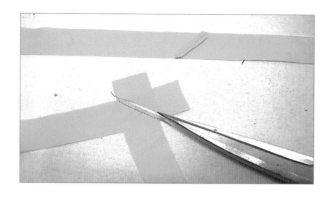

1. 재단 시 원하는 바이어스 테이프 폭에 시접분 포함 0.5 ~1cm를 더하여 정바이스 방향으로 재단선을 그리고 자른다.

2. 두 장의 바이어스감을 겉면끼리 직각으로 맞대고 식서 방향으로 연결한다.

3. 시접을 0.5cm 남기고 자른 뒤 가름솔한다.

6 가름솔(바이어스 테이프)

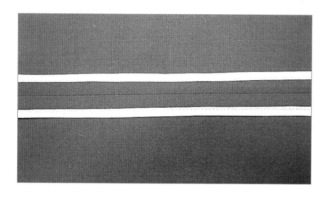

1. 완성된 바이어스 테이프 솔기는 당길 수 있으므로 약간 늘려서 다림질한 후 시접을 양쪽으로 갈라 다림질한다.

2. 원단과 바이어스 테이프감 겉면끼리 맞대고 0.3~0.5cm 박음질한다.

3. 바이어스 테이프감이 자연스럽게 늘어난 분량은 빼주면서 시접 끝을 맞춰가며 박음질한다.

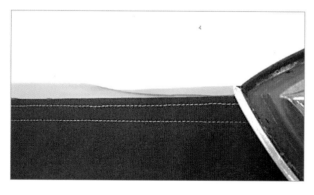

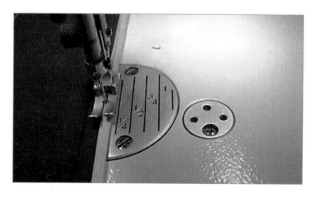

4. 박음질한 봉제선을 따라 바이어스 테이프를 접어 다린 뒤 시접을 감싸고 중심선을 한번 더 접어 다림질한다.

5. 바이어스 테이프감 시접을 감싼 후 뒤쪽으로 넘기고, 바이어스 테이프 완성선에 0.1~0.2cm 띄워 박음질한다.

7 뉨솔(바이어스 테이프)

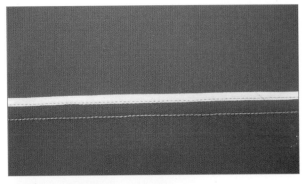

1. 완성선 바이어스 테이프 솔기는 당길 수 있으므로 약간 늘려서 다린 후 솔기 시접은 뉨솔 다림질한다.

2. 솔기선 시접 분량은 1cm 정도 재단한다.

3. 원단과 바이어스 테이프감 겉면끼리 맞대고 0.3~0.5cm 박음질한다.

4. 바이어스 테이프감이 자연스럽게 늘어진 분량은 빼주면서 시접 끝을 맞춰가며 박음질한다.

5. 바이어스 테이프로 시접을 감싼 후 뒤쪽으로 넘기고, 바이어스 테이프 완성선에서 0.1~0.2cm 띄워 박음질한다.

6. 완성선 바이어스 테이프 솔기 안쪽에 남아 있는 테이프 시접의 양은 박음선 기준 0.5cm 정도 남기고 자른다.

8 뉨솔(오버로크)

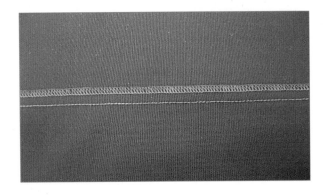

1. 솔기선 봉제 시접 분량은 1cm 정도 남기고 오버로크 처리한다.

2. 오버로크 처리한 후 뉨솔 다림질한다.

9 뉨솔(접어박기)

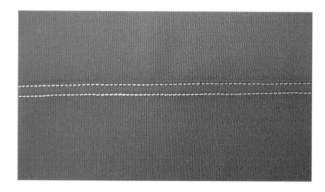 

1. 접어 박음질된 솔기는 당길 수 있으므로 늘려서 다린 후 뉨솔 다림질한다.

2. 솔기선 시접은 1.5cm 박음질한다.

3. 원단 안쪽에서 오른쪽 솔기 한 장은 0.6cm 정도 자르고, 오버로크 처리한다(왼쪽 솔기 시접).

4. 0.5cm 정도 오른쪽 시접을 감싼 후 0.2~0.3cm 박음질한다.

10 쌈솔

 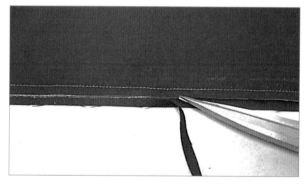

1. 겉과 안의 시접이 감싸져 봉제되어 있어 양면 착용이 가능한 의복, 청바지, 스포츠웨어, 작업복 등에 주로 사용한다.

2. 원단의 겉과 겉을 맞대어 시접을 1.2cm 박음질한다.

3. 한쪽 시접을 0.6cm 남기고 자른다.

4. 넓은 쪽 시접은 0.6cm 접어 짧은 쪽 시접을 감싸고 가장자리에서 0.1cm 안쪽으로 눌러 박음질한다.

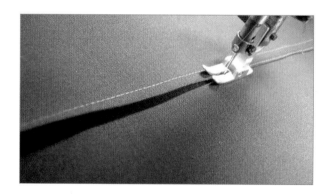

👑 쌈솔은 견고하면서 실용적이다.

11 통솔

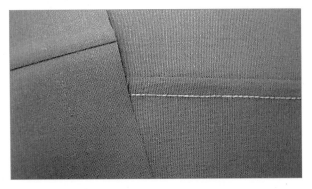

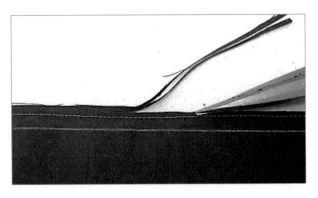

1. 얇은 원단이나 비치는 의류, 세탁을 자주하는 옷 등 안 감의 시접 처리를 할 때 주로 사용한다.

2. 솔기의 시접 분량 1.2cm로 재단된 원단을 안끼리 맞대 고, 완성선에서 0.6cm 시접 쪽으로 나간 부분을 박음질 한다. 시접을 0.3cm 정도 남기고 자른다.

3. 시접을 자르고 남은 시접 0.3cm를 늼솔 다림질하고, 원 단을 뒤집어 시접이 감싸지도록 겉과 겉을 맞대어 다 림질한다.

4. 완성선 0.6cm 안쪽에서 박음질한다.

5. 완성된 봉제 솔기선은 당길 수 있으므로 약간 늘려서 다 린 후 늼솔 다림질한다.

12 각진 솔기

1. 박음질한 각진 모서리 부분이 깨끗이 처리되도록 잘 다 려준다.

2. 각진 모양의 조각 원단을 위에 놓고 겉과 겉을 마주 놓 는다.

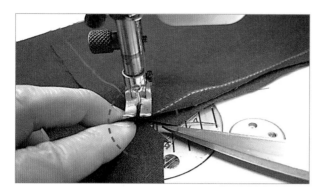 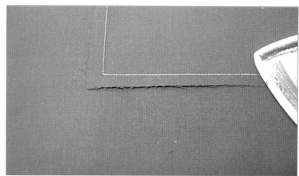

3. 완성선을 따라 한쪽 변을 모서리 지점까지 박고, 바늘이 꽂혀 있는 상태에서 노루발을 들어 밑에 있는 모서리 부분에 대각선으로 가윗집을 준다.

4. 재봉틀에 바늘이 꽂혀 있는 상태에서 원단을 돌려 다른 한 변도 완성선을 따라 박음질한다.

5. 솔기 시접은 오목하게 파진 방향으로 안쪽에서 뉨솔로 다림질한다.

13 곡선 솔기

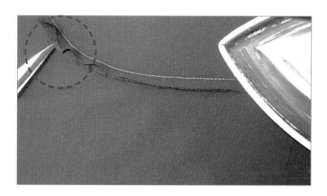 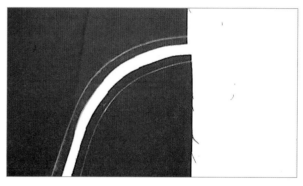

1. 박음질된 오목한 부분의 시접이 뜨는 곳에는 가윗집을 넣고 시접은 뉨솔 다림질한다.

2. 볼록하게 나온 모양의 조각 원단을 위에 놓고 겉과 겉을 마주 보도록 놓는다.

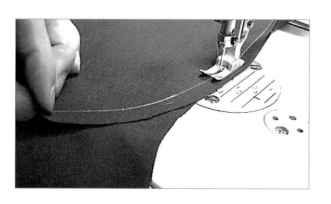

3. 겉끼리 맞대고 완성선을 박음질한다.

4. 원단에 바늘이 꽂혀 있을 때 노루발을 위로 들었다 내려주면서 위쪽 원단의 완성선을 아래쪽 원단의 완성선에 맞춰가며 곡선을 박음질한다.

👑 주로 프린세스 라인 등 곡선 솔기 디자인에 사용한다.

장식봉 · 장식 주름

장식의 종류

- 솔기 말아박기
- 개더(셔링)
- 개더(스모킹)

- 외주름(장식 스티치)
- 맞주름(배색 장식)
- 턱(넓은 턱)

1 솔기 말아박기

1. 말아박기가 완성된 솔기를 다림질한다.

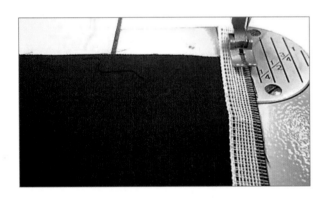

2. 원단 겉면에 벤놀(오비심지)이라는 도구를 사용하여 솔기 시접을 0.2~0.3cm 정도 벤놀에 맞대고, 촘촘히 1차 박음질한다.

3. 벤놀을 조심히 손으로 잡고 1차 박음질된 솔기를 원단 안쪽으로 보낸다.

4. 박음질한 솔기를 접어가면서 0.1cm 정도 안쪽 가장자리를 촘촘하게 박음질한다.

5. 벤놀을 잡아당겨 빼준다.

2 개더(셔링)

1. 불규칙하게 셔링을 잡아 여유롭고 부드러운 실루엣을 만든다.

밑단

2. 제품의 완성된 사이즈를 기준으로 원하는 개더 양을 더하여 원단을 재단한다.

3. 개더를 잡을 부분을 원단 안쪽에 표시한다.

4. 완성선에서 밑단 방향으로 0.2cm 정도 띄워 두 줄 박음질한다.

5. 개더 박음질할 때 윗실 조리개를 약간 조여준다.

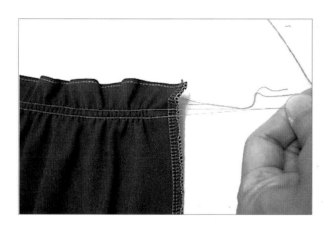

6. 느슨하게 박음질된 양쪽 실 끝을 잡고 당기면서 개더 양을 원하는 길이만큼 조절한다.

7. 실의 양쪽 끝을 묶어준다.

   주의 개더 양만큼 당겨진 실의 길이는 짧게 잡고 당겨준다.

♛ 셔링(shirring)

부드러운 천을 꿰매고 오그려 입체적으로 주름을 잡아 음영의 아름다움을 나타내는 방법이다. 블라우스에 일정한 방식으로 간격을 잡아주는 역할을 하며, 옷뿐 아니라 구두나 가방 등의 패션 소품에서도 자주 사용한다.

3 개더(스모킹)

1. 디자인의 변화에 따라 보다 많은 개더 셔링을 필요로 할 때는 스모킹 방법을 사용하기도 한다.

2. 제품의 완성된 사이즈를 기준으로 개더 양을 더하여 원단을 재단한다.

3. 개더를 잡을 부분을 원단 안쪽에 표시한다.

4. 완성선에서 밑단 방향으로 0.2cm 정도 떨어져서 원하는 간격과 개더의 박음선을 정한다.

5. 개더 박음질할 때 윗실 조리개를 약간 조여준다.

6. 느슨하게 박음질된 양쪽 실을 잡고 당기면서 개더 양을 원하는 길이만큼 조절한 후 실의 양쪽 끝을 묶어준다.

   주의 개더 양만큼 당겨진 실의 길이는 짧게 잡고 당겨준다.

👑 **스모킹(smocking)**

천을 모아 홀쳐서 생긴 주름과 주름을 연속해서 색실로 수를 놓아 아름다운 무늬와 음영을 나타내는 자수 기법이다. 색실이 아름다울뿐만 아니라 음영을 넣을 수 있어 입체적이고, 볼륨이 풍성하게 완성된다.

4 외주름(장식 스티치)

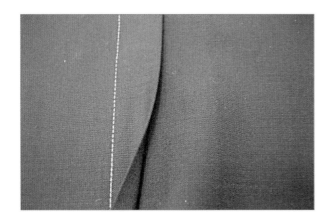

1. 주름선에 임시로 고정 시침 박음질한 실을 제거한다.

2. 시침된 박음선에 바늘 자국이 나타나지 않도록 깨끗이 다림질한다. 주로 얇은 원단에 사용한다.

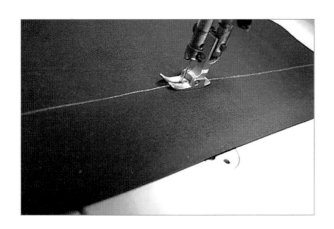

3. 외주름 분량의 골선을 겉면끼리 맞대고 안쪽 면에서 다림질한다.

4. 외주름 완성선 주름 너비를 표시한 후 5번 땀수(느린 땀)로 임시 고정 시침 박음질한다.

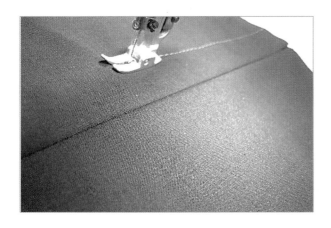

5. 원단 뒷면 쪽에서 임시 시침 박음질선을 다림질한다.

6. 겉면 쪽에서 주름분 가장자리 끝에 장식 스티치 박음질한다.

7. 뒷면 쪽에서 장식 스티치할 때는 윗실 장력을 약간 조여준다.

♛ 장식 스티치

박음질로 땀을 모양내어 박으며, 배색이 되는 실을 사용하여 강조 효과를 주기도 한다.

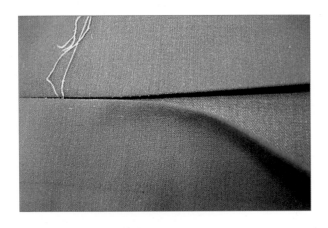

1. 장식 배색 안단 봉제가 끝난 뒤 트임분에 5번 땀수로 임시 고정해둔 실을 제거한다.

2. 맞주름 완성선을 깨끗이 정리한 후 다림질한다.

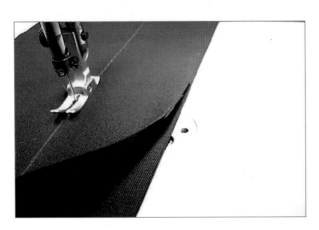

3. 밑단을 원단 안쪽으로 접어올려 다림질한다.

4. 주름의 완성선이 한쪽으로 쏠림이나 어긋날 수 있으므로 완성선 바로 옆을 시침실로 고정한다.

5. 트임 표시까지 박고 트임분은 5번 땀수로 임시 박음질한다.

6. 트임에 장식 안단 배색이 있는 맞주름은 주름분 솔기가 되는 부분을 자른 다음 맞주름분을 갈라 다림질한다.

7. 밑단에서 트임 부분까지 장식 안단 배색감을 맞대고 양쪽 주름분 솔기선을 박음질한다.

6 턱(넓은 턱)

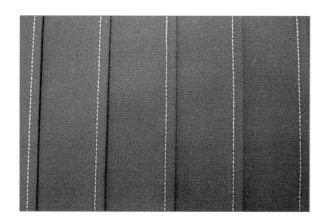

1. 상침 박음질된 턱선은 간격을 일정하게 정리하면서 깨끗이 다림질한다.

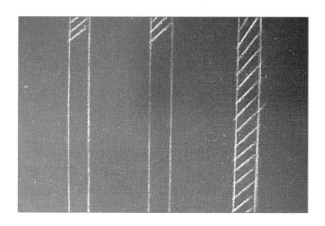

2. 핀턱 간격보다는 간격을 넓게 하여 원단에 턱 분량을 표시한다.

🪶 원단 두께를 확인한 후 간격을 표시한다.

3. 표시된 가장자리의 턱선을 선택하여 다림질한다.

4. 직선을 만들거나 표시선을 손으로 정리하면서 박음질할 수도 있다.

1 양면 지퍼 달기

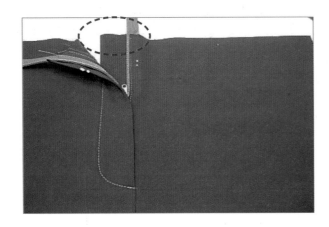

1. 앞중심선에 임시 고정한 시침실을 제거한 후, 허리선에 벨트 달림 시접 1cm 완성선을 표시한다.

2. 지퍼를 내리고 시접을 정리하여 지퍼 슬라이더가 이탈 되지 않게 위를 길게 되박아준다.

3. 완성선에서 안쪽으로 심지를 0.5cm 더하여 붙이고 안 단을 접어서 다림질한다.

   주의 트임 끝점은 0.5~1cm 길게 붙인다.

4. 안자락 쪽(시다 쪽, 왼쪽)은 완성선 기준 0.5cm 더하여 표시하고, 시접 분량은 1cm 남기고 자른 뒤 심지를 부 착한 후 접어서 다림질한다.

5. 뎅고(덧단)는 절반 정도만 심지를 붙인다.

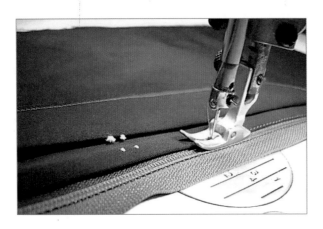

6. 겉감을 오버로크 처리한 후, 겉감의 겉끼리 맞대어 지 퍼가 달릴 트임 길이를 제외하고 앞 샅(두 다리 사이) 을 박음질한다.

7. 지퍼 위에 안자락 쪽 솔기를 코일 가까이 대고 끝상침 으로 박음질한다.

8. 안자락 쪽 중심선 위에 겉자락 쪽(우아 쪽, 오른쪽) 중심선을 맞대고 트임선을 시침질한다.

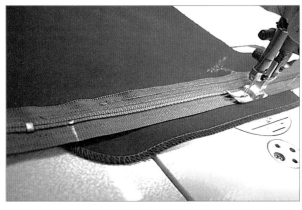

9. 뒤로 넘겨 안쪽에서 겉자락 쪽 지퍼 테이프와 안단을 맞대고 두 줄로 박음질한다.

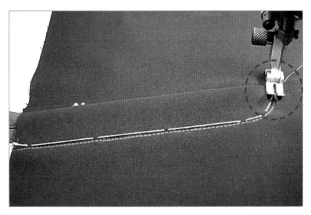

10. 지퍼 슬라이드를 올려두고 안단과 고정 시침한다.

11. 장식 스티치 모양을 표시하여 박음질한 후 시침실을 제거한다.

🌱 샅 위치의 트임점에서 장식 스티치를 시작한다.

12. 뎅고(덧단)는 곡선을 박음질한 후 시접을 0.3cm 남기고 잘라낸 뒤 뒤집어 다림질한다.

13. 솔기 시접은 시침 후 오버로크한다.

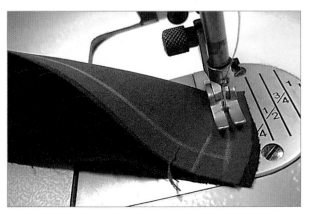

2 뎅고(덧단) 달기

1. 덧단은 지퍼 트임 길이보다 1cm 길게 표시한다.

2. 덧단을 지퍼 테이프 아래 놓고, 외노루발을 사용하여 완성선 가까이 박음질한다.

3. 지퍼 길이는 트임 끝점에서 1cm 정도 남기고 잘라낸 다음 덧단과 안단을 고정 되박음질한다.

3 솔기 중심에 지퍼 달기

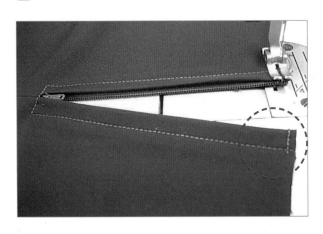

1. 트임 길이에 임시 고정 시침 박음질 실을 제거한 뒤 허리선에 완성선 시접 1cm를 표시한다.

2. 지퍼를 내리고 시접을 정리하여 지퍼 슬라이드가 이탈되지 않도록 위를 길게 되박아준다.

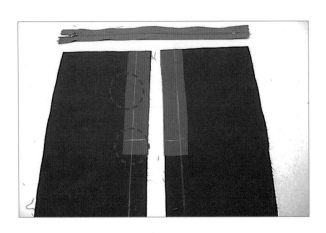

3. 겉감의 안쪽 지퍼 트임 부분은 완성선에서 안쪽으로 0.5cm 더하여 심지를 붙이고, 트임 끝점은 1~1.5cm 정도 길게 붙인다.

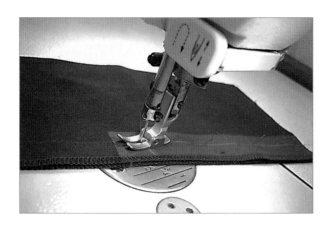

4. 겉감 솔기는 오버로크 처리한다.

5. 겉감의 겉끼리 맞대어 지퍼 달림 길이를 제외하고 박음질한다.

6. 지퍼가 달릴 부분을 시침해 두거나 느슨한 땀수로 임시 고정 시침 박음질한다.

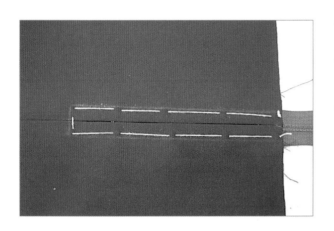

7. 시접을 가름솔 다림질한다.

8. 지퍼를 아래쪽에 두고 지퍼 체인 중심과 겉감의 완성선을 맞대어 임시 고정 시침질한다.

9. 장식 스티치를 표시하고 박음질을 한 후 시침실을 제거한다.

4 콘솔 지퍼

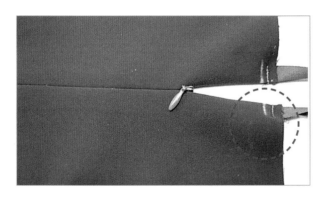

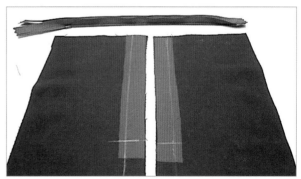

1. 지퍼는 위쪽 완성선을 표시한 후 길게 되박음질한다.

2. 콘솔 지퍼 달기가 끝나면 겉면에서 지퍼 달릴 끝점이 깨끗이 처리되도록 다림질한다.

3. 겉감의 안쪽 트임 부분에 심지를 완성선에서 0.5cm 정도 더하여 붙인다.

4. 트임점 길이도 1.5cm 정도 길게 붙인다.

5. 심지는 바이어스 재단한다.

6. 겉감의 솔기선을 박기 전에 콘솔 지퍼 코일선 부분을 다림질해서 펴놓는다.

7. 지퍼 달기 노루발이나 외노루발을 준비해둔다.

8. 원단의 겉감 겉면끼리 맞대고 트임점을 되박음질한 후 솔기선을 박음질한다.

9. 콘솔 지퍼에 트임 길이 시작점과 끝점을 표시한다.

10. 원단의 완성선에 지퍼의 겉면을 맞대고 코일 끝을 트임점까지 외노루발을 사용하여 박음질한다.

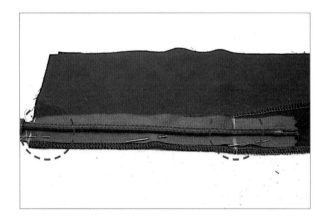

11. 지퍼 슬라이드 탭을 위로 올려 지퍼를 가지런히 정리한 후 지퍼 달림 시작점과 끝점이 만나는 부분을 표시한다.

12. 지퍼를 아래로 열고 반대쪽 지퍼도 트임점에 되박음질한 후 위쪽으로 박음질한다.

👑 콘솔 지퍼

원피스나 스커트에 많이 사용되는 지퍼로, 지퍼의 코일이 겉에서 보이지 않고 지퍼 고리(탭)만 보이는 지퍼이다.

트임 · 덧단의 종류

- 겹트임 I 형
- 겹트임 II 형
- 맞트임
- 덧단(요크단)

- 덧단(제물단)
- 폴로 셔츠(덧단형)
- 폴로 셔츠(안단형)
- 플레어드단(덧단)

- 셔츠소매 트임 I 형
- 셔츠소매 트임 II 형
- 바이어스 트임

1 겹트임 I 형

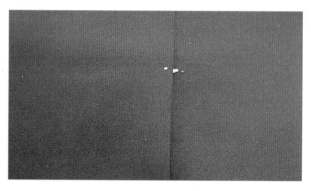

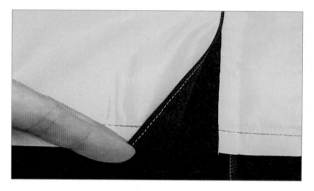

1. 겹트임 솔기가 벌어지지 않도록 완성선이 약간 겹치는 느낌으로 다림질한다.

2. 안감 합복이 완성된 모습

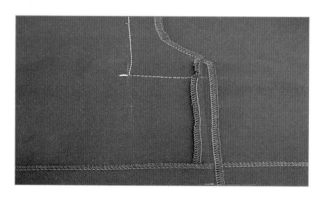

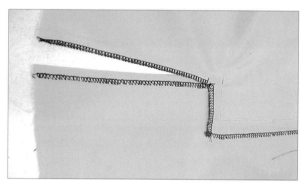

3. 먼저 오버로크 처리한다.

4. 겉면끼리 맞대고 트임 부분까지 L자로 박음질한다.

5. 봉제선을 다림질한다(겹트임 뉨솔 다림질).

👑 안자락 쪽 솔기선을 1cm 정도 접은 후 밑단분을 위로 접어 올려 다림질한다.

6. 안감은 겉감 안단분의 너비를 수정한 패턴을 사용하여 재단한다.

7. 안감을 박음질한 후 오버로크 처리하여 중심선 솔기는 뉨솔 다림질하고, 안자락 쪽 트임 솔기는 1cm 정도 접어 다림질한다.

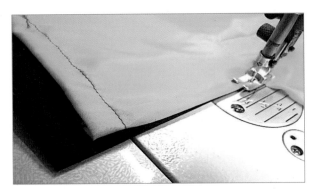

8. 겹트임 끝점 부분에 안자락 쪽 솔기 시접 1cm를 접어둔 안감과 겉감 솔기를 맞대어 안감을 위에 두고, 끝스티치로 합복 박음질한다.

👑 안감 뒷중심선은 겉감보다 안감에 약간의 여유를 두고 안자락 쪽 트임 솔기를 합복한다.

9. 뒷중심 박음질할 때 L자로(가로 쪽) 안단분을 박아둔 부분에 안감 가로 쪽을 맞대고 1차 박음질한다.

10. 재봉틀 바늘을 꽂고 노루발을 들어 안감 모서리 부분에 대각선으로 가윗집을 넣고, 안감 트임 솔기를 돌려 박음질한다.

11. 접어둔 밑단분과 겹트임 안단분은 안단분을 위로 올려 박음질한다.

12. 안단분 시접을 계단 처리하여 잘라낸다.

13. 뒤집어 깨끗이 다림질한다.

2 겹트임 II형

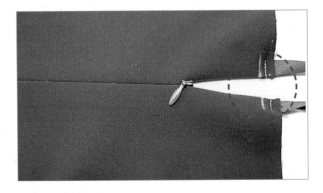

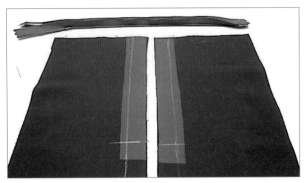

1. 겹트임 솔기가 벌어지지 않도록 완성선이 약간 겹치는 느낌으로 다림질한다.

2. 안감 합복이 완성된 모습

3. 겉감의 겉자락 쪽 겹트임 부분은 완성선 안쪽에서 0.5cm 더하여 안단에 심지를 붙이고, 트임 끝점은 2cm 정도 위로 길게 붙인다.

4. 안감은 겉감 안단분의 너비를 수정한 패턴을 사용하여 재단한다.

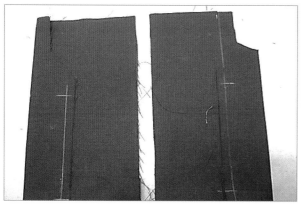

5. 밑단을 먼저 접어 다림질한 후 겹트임 안단을 접어 다림질한다.

6. 밑단분과 겹트임 안단분을 대각선으로 박음질할 합복선을 안단 안쪽에 사선으로 표시한다.

7. 접어둔 밑단분과 겹트임 안단분은 겉면끼리 맞대어 사선 방향으로 정확히 박음질한다.

8. 시접분을 삼각형 모양으로 접은 후 뒤집어 다림질한다.

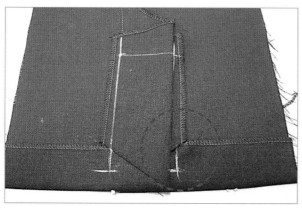

9. 밑단과 안단을 대각선으로 합복한 부분은 잘 정리한 후 깨끗이 다림질한다.

10. 안감 연결 표시선을 밑단 완성선에서 2cm 정도 위로 띄워 표시한다.

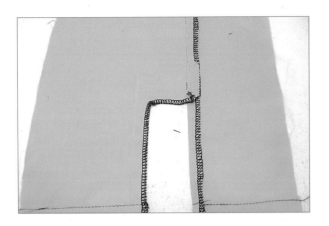

11. 안감 박음질 후 오버로크 처리하여 중심선 솔기는 넘 솔 다림질한다.

12. 안자락 쪽 제물 안단분 트임점 부분의 가로 쪽 안단 분 솔기에 안감의 오목 파인 가로 쪽 솔기를 위로 맞 대어 박음질한다.

13. 재봉틀 바늘을 꽂고 노루발을 들어 안감 모서리 부분 에 대각선으로 가윗집을 넣는다.

14. 안감 트임 솔기를 돌려 겉자락 쪽 안단에 박음질한다.

15. 나머지 반대쪽 트임 솔기도 합복한다.

> 👑 안감 뒷중심선은 겉감보다 약간의 여유를 두고 솔기 트임을 합복한다.

3 맞트임

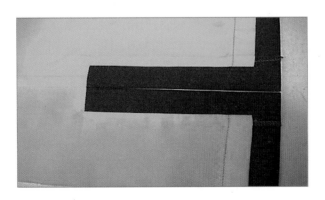

1. 맞트임 솔기가 벌어지지 않도록 완성선이 약간 겹치는 느낌으로 다림질한다.

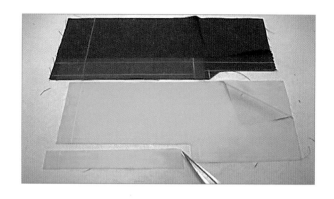

2. 겉감의 안쪽 맞트임 부분은 완성선에서 안쪽으로 0.5cm 더하여 심지를 붙이고, 트임 끝점은 1.5cm 정도 위로 길게 붙인다.

3. 안감은 겉감 안단분의 너비를 수정한 패턴을 사용하여 재단한다.

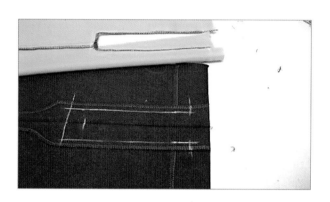

4. 겉감의 겉끼리 맞대고 트임 부분까지 박음질한 후 트임 부분은 느슨한 땀수로 임시 고정 시침 박음질한다.

5. 안단분 시접은 가름솔 다림질하고 밑단도 접어 다림질한다.

6. 임시 고정 시침 박음질 실을 제거한 뒤 안감을 연결할 완성선 위치를 표시한다.

> **주의** 밑단 접은선 2cm 정도 위에 표시한다.

7. 안감은 박음질 후 오버로크 처리한 뒤 다림질한다.

8. 다림질해둔 안감은 겉감 2cm 표시 부분에 안감 트임 솔기를 맞대고 박음질한다.

9. 직선 한 변을 박은 뒤 재봉틀 바늘을 꽂고, 노루발을 들어 모서리 부분에 대각선으로 가윗집을 넣는다.

10. 솔기를 돌려 중심까지 박음질한다.

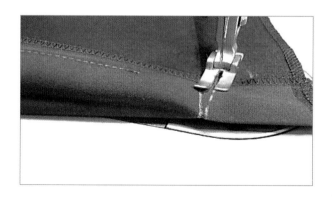

11. 접어둔 밑단분과 맞트임 안단분은 안단분을 위로 올려 박음질한다.

12. 안단분 시접을 계단 처리하여 잘라낸 뒤 뒤집어 깨끗이 다림질한다.

4 덧단(요크단)

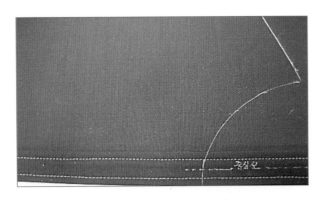

1. 완성된 덧단은 깨끗이 정리하여 다림질한다.

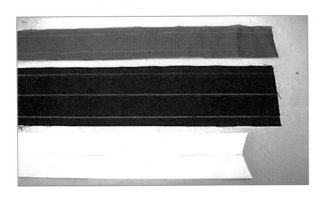

2. 덧단감과 접착 심지는 솔기선 시접을 0.7~1cm 정도 남기고 재단한다.

3. 접착 심지는 한쪽 면만 재단하여 붙이는 것이 좋다.

> 👑 골선에는 0.5cm 정도 더하여 재단한다.

4. 덧단감은 패턴을 기준으로 양쪽 솔기를 0.7~1cm 먼저 접어 다린 후 반으로 접어 다림질한다.

5. 덧단 길이는 완성선을 표시한 후 봉제 시접을 남기고 정리한다.

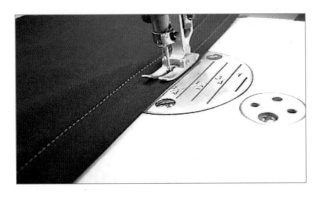

6. 몸판 겉과 덧단 겉을 맞대어 덧단을 위에 놓고 완성선을 박음질한다.

7. 골로 접어둔 덧단감은 안단 쪽을 뒤로 보내어 장식 스티치하고, 덧단 겉면과 안단면을 고정 박음질한다.

5 덧단(제물단)

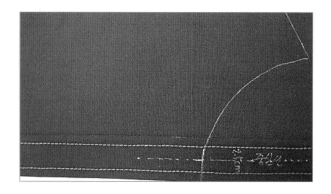

1. 양쪽 장식 스티치 박음질 후 깨끗이 정리하여 다림질한다.

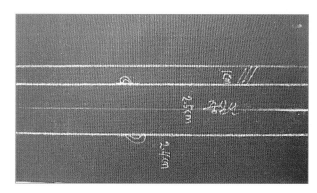

2. 겉자락 제물단이 재단된 모습

3. 몸판에 덧단 분량을 포함하여 재단한다.

4. 제물단 장식 스티치 너비는 0.5cm를 기준으로 한다.

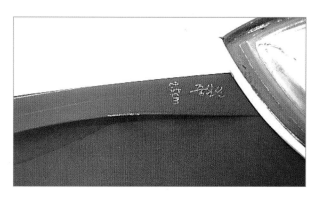

5. 안자락 안단분은 겉자락 덧단 너비보다 약간 작게 하여 두 번 접을 수 있게 재단한다.

6. 원단의 겉면을 안쪽 면 방향으로 한 번 접은 뒤 다시 연속하여 한 번 더 접어 다림질한다.

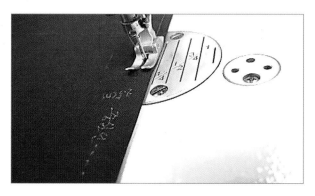

7. 두 번 접어 다림질해둔 골선을 손으로 자연스럽게 정리해주면서 골선을 따라 장식 스티치로 고정 박음질한다.

8. 겉자락의 첫 번째 접어 다려둔 골선을 따라 장식 스티치로 고정 박음질하면 덧단이 만들어진다.

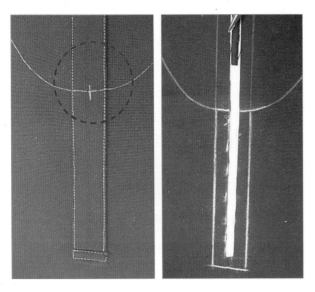

1. 완성된 덧단은 깨끗이 정리하여 다림질한다. 주로 셔츠 칼라, 스탠드 칼라, 플랫 칼라 등에 사용한다.

2. 앞판 트임 덧단의 너비와 길이를 표시한다.

3. 세 면의 시접을 0.6~0.7cm 남기고 자른다.

4. 양쪽 덧단감과 접착 심지는 솔기선 시접을 0.6~0.7cm 남기고 재단한다.

5. 접착 심지는 한쪽 면만 재단하여 붙이는 것이 좋다.

👑 골선에는 0.5cm 정도 더하여 재단한다.

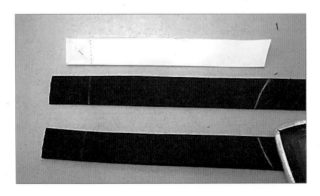

6. 덧단감은 패턴을 기준으로 양쪽 솔기 시접을 0.6~0.7cm 먼저 접어 다린 후 반으로 접어 골선을 만들고 다림질한다.

7. 겉 덧단과 안 덧단 완성선을 표시한 후 봉제 시접을 남기고 정리한다.

8. 몸판의 겉과 덧단의 겉을 맞대고 덧단 쪽에서 완성선 트임 길이 표시까지 박음질한다.

9. 동일한 방법으로 반대쪽 덧단도 박음질한다.

10. 박음질선을 다림질한 후 트임 길이 끝점에 사선으로 가윗집을 넣는다.

11. 덧단의 안단분을 뒤로 보내어 장식 스티치하고 덧단의 겉면과 안단면을 고정 박음질한다.

12. 반대쪽도 동일한 방법으로 박음질한다.

13. 맨 아래에 안 덧단을 놓고, 그 위에 겉 덧단을 올린 후 가윗집을 넣어둔 시접을 원단 뒤쪽으로 보낸다.

14. 가지런히 겹쳐놓고 삼각 시접과 함께 박음질한다.

7 폴로 셔츠(안단형)

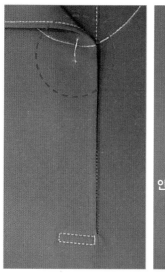

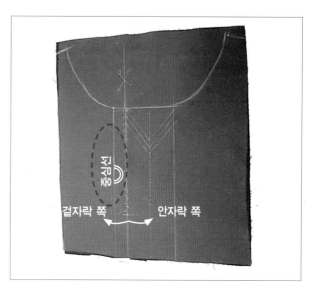

1. 완성된 앞단 부분과 트임 끝점을 깨끗이 정리하여 다림질한다.

2. 패턴을 참고하여 몸판 중심선을 안자락 쪽으로 1.3cm 정도 이동하여 트임 길이를 표시한다.

3. 목둘레점에서 0.3cm 트임 끝점 방향으로 화살촉 모양으로 표시한다.

⚔ 트임 끝점은 미어짐 방지 심지를 부착한다.

4. 안단감 안쪽에 심지를 부착한 후 몸판의 이동선 재단 방법을 응용하여 표시한다.

5. 안자락 쪽에 여밈분 역할을 할 수 있도록 이동선 기준 2.5×2.5cm를 키워 안단을 재단한다.

⚔ 안자락 쪽, 겉자락 쪽을 반드시 확인한 후 재단한다.

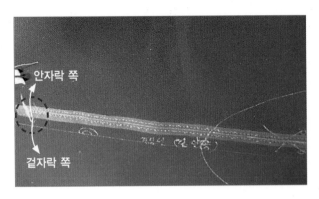 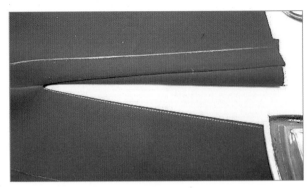

6. 겉감 겉면과 안단 겉끼리 맞대어 화살촉 모양으로 박음질한다.

7. 박음질한 화살촉 중심 트임 끝점까지 박음질 실이 잘리지 않게 조심히 가위로 자른다.

8. 겉자락 쪽 안단은 누름 상침한다.

9. 안자락 쪽은 여밈분을 2.5cm로 하고, 안단 쪽을 골로 접어 뒤로 보내 다림질한다.

10. 안자락 쪽 여밈분과 뒤로 넘겨진 안단을 함께 장식 스티치하여 고정 박음질한다.

11. 안자락 쪽 여밈분 안단을 맨 밑에 두고 겉자락 쪽 안단을 올려 가지런히 정리한 후 함께 박음질한다.

8 플레어드단(덧단)

1. 덧단 쪽에서 겉감의 면이 보이도록 살짝 넘어오게 한 후 다림질한다.

2. 플레어드단에 연결할 덧단감은 안감이나 얇은 원단을 사용하여 바이어스 재단 후 사용하면 좋다.

3. 원단의 겉끼리 맞대어 덧단감을 밑에 놓고 박음질한다.

4. 박음질한 시접은 0.3~0.5cm 계단 처리하여 시접을 정리한다.

5. 덧단 쪽에 끝스티치로 누름 상침하여 박음질한다.

9 셔츠소매 트임 Ⅰ형

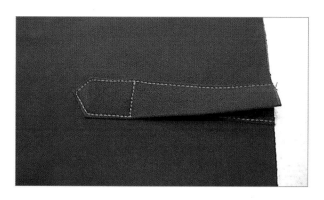

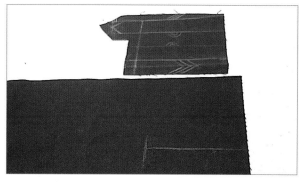

1. 완성된 덧단을 가지런히 정리한 후 깨끗이 다름질한다.

2. 소매 안쪽에 트임 부분의 길이를 정하여 표시한다.

3. 겉 덧단과 안 덧단을 한 장으로 재단한다.

4. 덧단감 재단 사이즈는 트임 길이를 +5cm 정도, 너비를 9cm 정도로 한다(완성 너비 2cm 정도 기준).

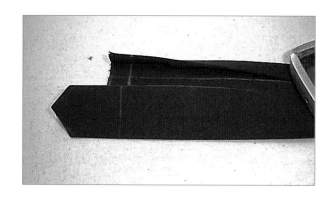

5. 겉 덧단 시접은 1cm 접은 다음 2cm 접어 다림질한다.

6. 안 덧단 시접은 0.8cm로 두 번 접어 다림질한다.

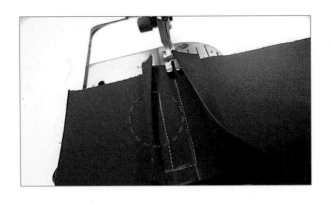

7. 겉 덧단감 2cm를 접은 완성선 가장자리와 안 덧단감 0.8cm를 접어둔 완성선 가장자리를 표시한 후 소매 뒷면 트임점에 맞대고 ㄷ자로 박음질한다.

👑 안 덧단 쪽 0.8cm 봉제 표시선을 트임 표시선에 맞대어 박음질한다.

8. ㄷ자로 박음질된 중심을 Y 모양으로 정확히 사선으로 자른다.

9. 안 덧단감을 위로 올려 끝스티치로 누름 상침 박음질한다.

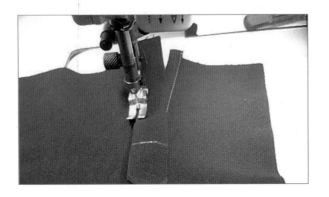

10. 겉 덧단감은 안 덧단 위에 올려놓고 가지런히 정리한 후 끝스티치로 누름 상침 박음질한다.

1. 겉 덧단감을 안 덧단 위에 올려놓고 가지런히 정리한 후 끝스티치로 누름 상침 박음질한다.

   주의 안 덧단이 박히지 않도록 유의한다.

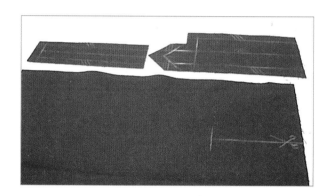

2. 소매 안쪽에 트임 부분의 길이를 정하여 표시한 뒤 트임 끝점에서 1cm 정도 띄우고 가위로 자른다.

3. 겉 덧단 트임 길이는 +5cm, 너비는 6cm 정도, 안 덧단 트임 길이는 +2cm, 너비는 4cm 정도로 재단한다(완성 너비 2cm 기준).

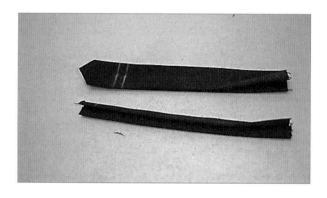

4. 재단된 덧단감은 완성선을 기준으로 양쪽 솔기선 시접을 1cm 접은 후 반으로 맞대고 접어서 다림질한다.

5. 소매 안쪽에서 안 덧단감을 맞대고 완성선을 따라 박음질한다.

6. 겉 덧단감도 소매 안쪽에서 겉 덧단감을 맞대고 완성선을 따라 박음질한다.

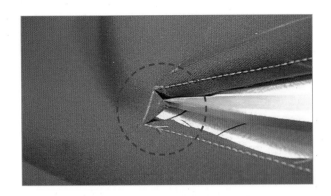

7. 박음질한 트임 부분을 Y 모양으로 자른다.

> **주의** 트임 끝점을 되박음선 끝까지 조심해서 정확히 잘라야 한다.

8. 소매 겉면으로 접어진 안 덧단감을 위로 올려놓고 끝스티치로 상침 박음질한다.

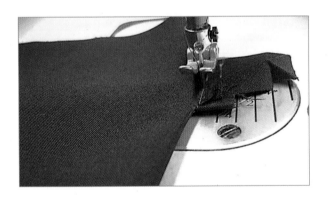

9. 안 덧단의 트임 끝 시접을 겉 안단감 안쪽 면과 맞댄 뒤 Y 모양의 삼각 시접을 소매 안쪽으로 빼내어 가지런히 정리한 후 함께 박음질한다.

> ♛ 접어둔 겉 덧단의 겉면 쪽이 박히지 않게 펴놓는다.

11 바이어스 트임

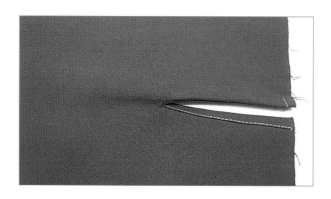

1. 완성된 트임 부분은 깨끗이 정리하여 다림질한다.

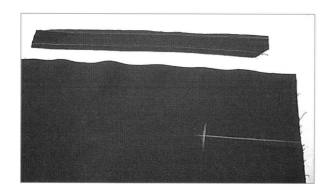

2. 트임 길이는 6~7cm 표시하여 수직선으로 자른다.

3. 바이어스 재단물의 너비는 2.5~3cm 정도, 길이는 트임 길이보다 2배+2cm로 재단한 뒤 양쪽 솔기를 접고 반으로 맞대어 접는다.

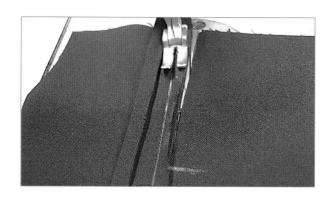

4. 수직선으로 자른 트임 부분을 직선으로 벌려 원단의 겉과 바이어스감을 맞대고, 바이어스 원단 안쪽에서 시접을 박음질한다.

5. 접어둔 바이어스감을 뒤쪽으로 보내고 끝 상침하여 박음질한다.

> ♛ 트임 끝점은 화살촉 모양으로 박는다.

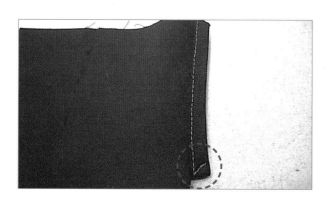

6. 원단 안쪽에서 바이어스감의 트임 끝 모서리 부분을 사선으로 되박음질한다.

주머니 제작

주머니의 종류

- 파이핑 포켓(쌍입술) & 플랩 파이핑 포켓(뚜껑, 쌍입술)
- 팬츠 힙 포켓(외입술)
- 웰트 포켓(상자)
- 패치 포켓
- 사이드 포켓(사선)
- 솔기 포켓(일자)

1 파이핑 포켓(쌍입술), 플랩 파이핑 포켓(뚜껑, 쌍입술)

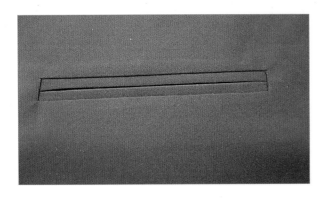

파이핑 포켓

완성된 파이핑 포켓은 파이핑 너비를 일정하게 만져주면서 다림질하며, 양쪽은 파이핑 끝점이 미어지지 않게 유의하며 다림질한다.

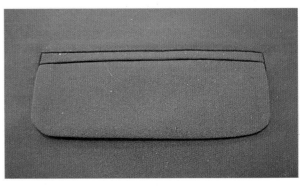

플랩 파이핑 포켓

완성된 플랩 파이핑 포켓은 플랩 안단이 겉면 쪽으로 뒤집히지 않도록 하며, 파이핑 주변 부분을 깨끗이 다림질한다.

1. 플랩 파이핑 포켓 제작에 필요한 부속품으로 플랩감, 파이핑감, 맞은감, 플랩 안단감, 주머니감, 심지 등을 재단하여 준비한다.

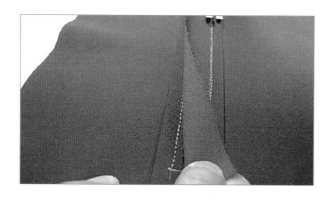

2. 파이핑감 심지 부착 후 파이핑 주머니 입구에서 길이는 3cm 정도 더하고 너비는 8~9cm 정도 자른다. (쌍입술 완성 1cm 기준)

3. 2cm 접고 다시 2cm 접는다.

4. 접은선 한쪽당 0.5cm씩 몸판 겉에 파이핑감을 맞대고 박음질한다.

> **주의** 박음질할 때 반대쪽 솔기 시접이 박히지 않게 한다.

5. 주머니감 위에 맞은감을 올려놓고 박음질한다.

6. 주머니 표시선 기준 5cm 정도 길이 쪽으로 내려 표시한 후 맞은감도 길이 쪽으로 향하게 두고 박음질한다.

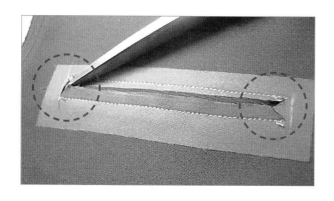

7. 0.5cm씩 박음질한 선의 중심은 Y 모양으로 끝을 조심해서 자른다.

> **주의** 되박음 실이나 표시선을 벗어나서 자르면 안 된다.

8. 파이핑 양쪽을 원단의 뒤쪽으로 뒤집어 빼내고, 파이핑 양쪽이 겹치거나 벌어지지 않도록 정리한 후 삼각형 모양의 시접을 함께 박음질한다.

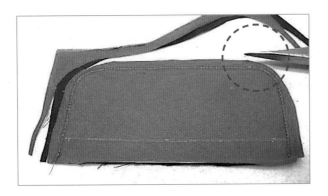

9. 플랩 완성선을 표시한 뒤 완성선을 따라 박음질한다.

10. 직선 부분은 0.3~0.5cm로 자르고, 곡선 모서리 부분은 0.2~0.3cm 시접을 남기고 정리한 뒤 가위로 자른다.

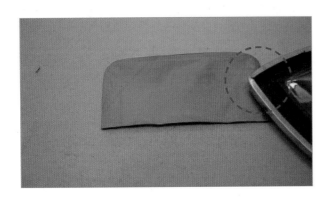

11. 플랩을 겉면 쪽으로 뒤집고 안단 쪽에서 겉면이 보이도록 살짝 넘어오게 하여 다림질한다.

12. 다려진 플랩은 겉면 플랩에 완성선을 표시한다.

13. 플랩을 파이핑 사이에 끼워넣은 뒤 몸판 안쪽 솔기에서 박음질해둔 선을 넘지 않도록 조심스럽게 박음질한다.

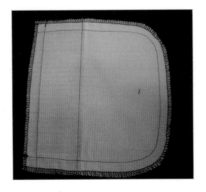

14. 주머니감(맞은감)을 플랩 안단과 맞대어 위쪽 플랩을 합복된 선과 함께 박음질한다.

15. 주머니감은 둘레를 박음질한 뒤 1cm 정도 시접을 남기고 잘라낸 후 오버로크 처리한다.

2 팬츠 힙 포켓(외입술)

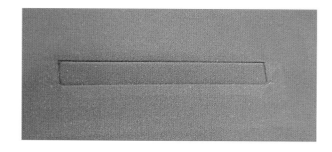

힙 포켓

완성된 힙 포켓은 입구가 벌어지지 않도록 하여 양쪽 끝부분을 깨끗이 다림질한다.

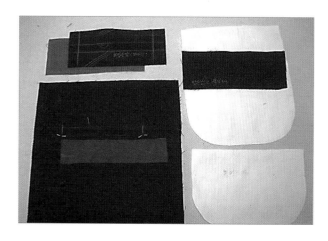

1. 힙 포켓 제작에 필요한 부속품으로 주머니감, 맞은감, 파이핑감, 심지 등을 재단하여 준비한다.

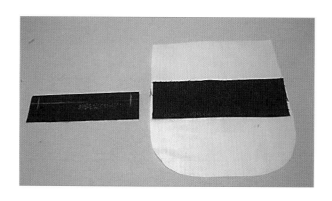

2. 파이핑감에 심지를 부착한 뒤 파이핑감을 접어 다림질하고, 파이핑 완성선을 표시한다.

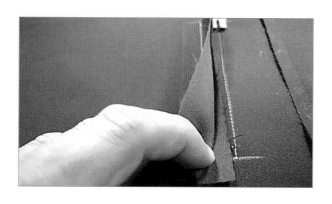

3. 파이핑감 심지 부착 후 파이핑 주머니 입구에서 길이는 3cm 정도 더하고, 너비는 7.5cm 정도 자른다.
   (외입술 완성 1.2cm 기준)

4. 한쪽 솔기선 1cm를 남기고 1.2cm 너비를 표시한 뒤 접어서 다림질한 후 파이핑 완성선 길이를 표시한다.

5. 겉감의 주머니 위치 표시점에 파이핑감을 맞대어 박음질한다. 허리선 쪽(위쪽) 맞은감을 겉과 맞대고 완성선 기준 표시점을 정확히 맞춰 박음질한다.

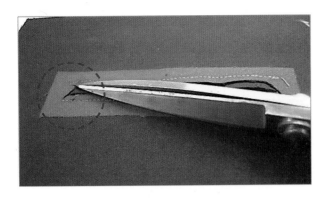

6. 1.2cm 파이핑감과 맞은감 박음질선의 중심을 Y 모양으로 자른다.

> **주의** 되박음 실이나 표시선을 벗어나 자르면 안 된다.

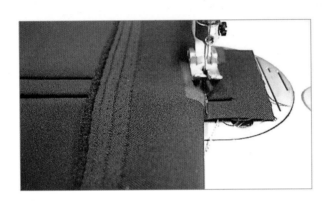

7. 파이핑과 맞은감을 원단의 뒤쪽으로 뒤집어 빼내고 맞은감 위에 파이핑 솔기를 맞대어 삼각형 모양의 시접을 뒤로 빼낸 다음 가지런히 정리한 후 함께 박음질한다.

8. 주머니감을 허리선 위에 맞추고 맞은감 솔기를 1cm 정도 접어서 주머니감과 맞대어 박음질한다.

9. 두 겹의 주머니감을 맞대고 완성선을 기준으로 둘레를 박음질한다.

10. 1cm 정도 시접을 남기고 잘라낸 후 오버로크 처리한다.

3 웰트 포켓(상자)

완성된 웰트 포켓은 양쪽 끝부분을 깨끗이 마무리하여 다림질한다.

👒 웰트 포켓 입구는 원단 두께 정도의 여유가 있는 것이 좋다.

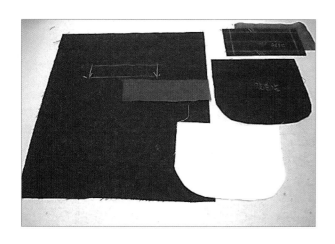

1. 웰트 포켓 제작에 필요한 부속품으로 상자감, 맞은감, 주머니감, 심지 등을 재단하여 준비한다.

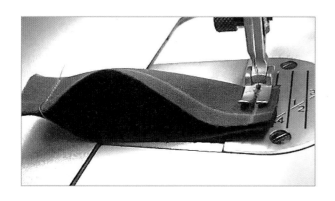

2. 상자감에 심지를 부착한 후 완성선을 표시한다.

3. 상자감 중심을 반으로 접어 겉끼리 맞대고 양쪽 완성선 끝점까지 박음질한다.

4. 시접을 0.5cm 남기고 자른다.

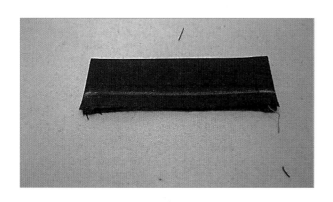

5. 상자감을 뒤집어 상자감 안단 쪽에서 다림질한다.

6. 상자감 안쪽에 완성선을 표시한 후 0.7~1cm 정도 시접을 남기고 자른다.

7. 몸판에 상자감 겉면을 맞대어 안단 쪽 솔기는 아래 길이 쪽으로 접어놓고 양쪽 완성선 표시점을 정확히 맞춰 박음질한다.

8. 맞은감을 겉면과 맞대어 상자감 박음질된 선에서 위쪽으로 1cm 정도 띄우고 양쪽 끝점은 0.5cm 정도 띄워 박음질한다.

9. 주머니감은 상자감 안단 시접에 연결한다.

10. 양쪽 박음질선 공간의 중심을 자르면서 양 끝을 Y 모양으로 조심스럽게 정확히 자른다.

11. 상자감 쪽 박음선 솔기는 가름솔 다림질한다.

12. 맞은감과 주머니감을 뒤집어 넣어준다.

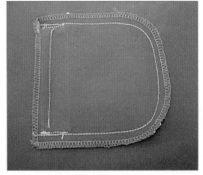

13. 웰트 포켓은 가지런히 정리하여 다림질한 후 양 끝을 숨은 상침이나 장식 스티치로 고정 박음질한다.

14. 밑주머니 맞은감과 윗주머니감을 맞대고 완성선 기준으로 둘레를 박은 뒤 1cm 정도 시접을 남기고 오버로크 처리한다.

4 패치 포켓

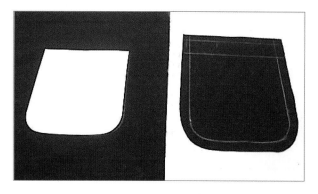

패치 포켓

완성된 패치 포켓은 몸판 주머니 표시선에 올려놓고, 시침질이나 핀으로 고정한 후 끝장식 스티치하여 디자인에 따라 다양하게 박음질한다.

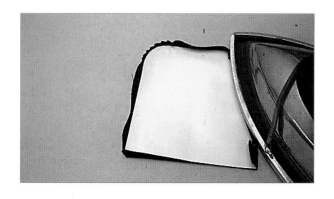

1. 포켓감을 재단하여 준비한다.

2. 포켓 패턴은 두꺼운 종이로 제작된 것이 좋다.

3. 원단의 종류에 따라 포켓 입구 안단 부분에 심지를 부착하거나 안단분을 2cm 정도 두 번 접어넣는다.

4. 주머니 입구는 안단 안쪽으로 1cm 시접을 접은 다음 2cm 정도 접어서 안단을 만든다.

5. 입구 양 끝을 안단 뒤로 보내 박음질한 후 뒤집어 다림질한다.

6. 패턴을 올려놓고 곡선 부분은 촘촘히 홈질하여 접어서 다림질한다.

5 사이드 포켓 – 프론트 힙(사선)

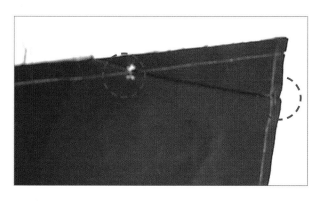

사이드 포켓

완성된 사이드 포켓은 옆솔기 사선 아래 완성선 끝점 부분을 주머니감 뒤로 접어두고 맞은감에 시침 박음질한다. 허리선 쪽도 몸판과 주머니감을 함께 시침 박음질한다.

1. 사이드 포켓 제작에 필요한 부속품으로 주머니감, 맞은감, 안단감을 재단하여 준비한다.

2. 윗주머니감 위의 안단감 아래쪽 곡선 부분을 1cm 접어 사선 솔기선 기준으로 맞대고 끝스티치하여 박음질한다.

3. 맞은감은 솔기선에서 1.2cm 정도 띄우고 곡선 부분을 1cm를 접어서 박음질한다.

4. 주머니 입구 사선 솔기는 원단과 안단감을 맞대어 완성선을 박음질한다.

5. 안단 쪽 시접을 계단 처리하여 자른다.

6. 안단 주머니감을 시접 쪽으로 보내고 누름 상침한다.

7. 누름 상침한 안단 주머니감을 꺾어서 다림질해둔다.

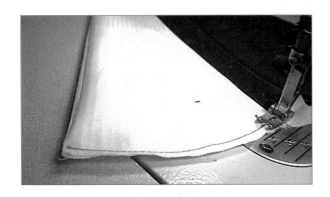

8. 두 겹의 주머니감 한쪽을 뒤로 보내 겉끼리 맞대고 0.3cm 정도 박음질한 후 뒤집어 다림질한다.

9. 뒤집어 다림질한 솔기를 0.5~0.7cm 정도 박음질한다.

6 솔기 포켓(일자)

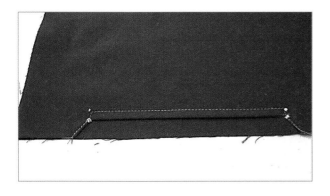

완성된 솔기 포켓은 주머니 입구 양쪽 완성선 끝점을 맞은 감에 시침 박음질한다. 허리선은 몸판과 주머니감을 함께 시침 박음질해둔다.

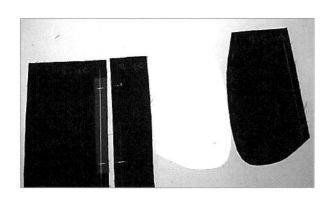

1. 솔기 포켓 제작에 필요한 부속품으로 밑주머니 맞은감, 윗주머니감, 심지 등을 준비한다.

2. 원단의 앞판 안쪽 포켓 완성선에서 안쪽으로 0.5cm 정도, 양쪽 완성선 끝점을 기준으로 1.5cm 더하여 심지를 붙인다.

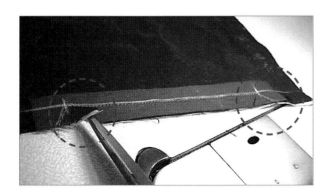

3. 주머니 입구에 완성선 길이를 표시한 후 윗주머니감과 몸판 솔기 겉면을 맞대고 박음질한다.

4. 모서리 부분은 사선으로 가윗집을 넣고 시접을 정리하여 자른다.

5. 안쪽에서 윗주머니감을 다릴 때 몸판 겉면이 살짝 보이도록 다림질한다.

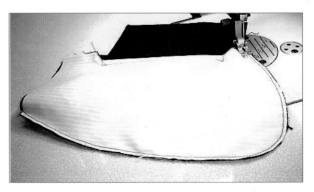

6. 다림질된 주머니 입구는 디자인에 준하여 장식 스티치 박음질한다.

7. 윗주머니감과 밑주머니 맞은감을 주머니 입구 양쪽을 기준 삼아 안쪽 면끼리 맞대고, 0.3cm 정도 박음질한 후 주머니 입구 쪽으로 뒤집어 다림질한다.

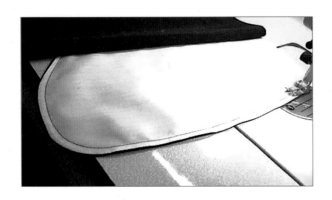

8. 주머니감을 뒤집기한 후 다림질 부분의 솔기는 0.5~0.7cm 정도 둘레를 박음질한다.

2-8 시침바느질(가봉) 방법

❶ 시침바느질 실은 면사(무명실)를 사용하고, 얇은 원단일 경우 바늘에 한 올의 실을 끼워서 몸판 또는 옆선 시접을 접어 상침 시침으로 손바느질한다. 두꺼운 원단일 때는 두 올로 상침 시침 손바느질한다.

❷ 상침 시침 바느질은 오른쪽에서 시작하여 왼쪽 방향으로 실이 엉키지 않도록 주의하면서 상침 시침한다.

❸ 바이어스 방향의 원단과 경사 또는 위사 방향의 원단을 맞대어 붙일 경우에는 바이어스 원단을 위에 놓고 누름 상침한다.

❹ 칼라 깃, 커프스, 벨트, 포켓, 덧단 등은 패턴의 완성선을 기준으로 재단하여 누름 상침해서 연결한다.

❺ 단추 위치 표시는 원단(천)으로 단추 크기만큼 재단하여 앞단 등에 올려 십자 모양으로 상침 시침한다.

👑 본바느질 재봉틀을 사용하여 시침바느질할 때는 실 땀을 느슨하게 하여 작업한다.

3 아이템별 제작

- 블라우스
- 베스트
- 재킷

아이템별 제작

블라우스

● 블라우스 제작 순서_Shirt Collar Blouse

    🔔 블라우스(150cm) 마름질(marking)

    🔔 블라우스(110cm) 마름질(marking)

1 패턴 확인하기

2 원단 수축률 확인하기

3 겉감 재단하기

4 심지 재단 & 부착하기

5 실표뜨기

6 테이프 부착하기

7 앞단 만들기(왼쪽)

8 덧단 분량 자르기(오른쪽)

9 덧단 연결하기(오른쪽)

10 앞판 다트 통솔 박기

11 주머니 만들기

12 사이드 솔기선 통솔 박기

13 뒤 몸판 요크 박기

14 어깨선 연결하기

15 옆솔기 통솔 박기

16 밑단 만들기

17 덧단 및 밑단 장식 스티치하기

18 칼라 만들기

19 칼라 달기

20 트임 만들기

21 커프스 만들기

22 소매 만들기

23 소매 달기

24 소매 바이어스 테이프하기

25 단춧구멍 만들기

26 단추 달기

27 완성 다림질하기

🪡 블라우스(150cm) 마름질(marking)

* 블라우스 소요량 예시(총장 : 70cm, 가슴둘레 : 92cm 기준)

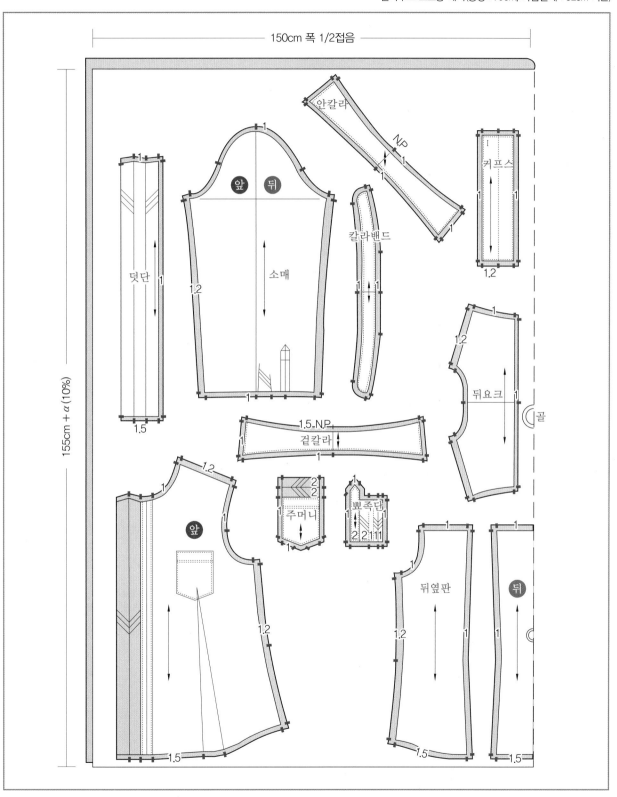

150×155cm+α(10%)

블라우스(110cm) 마름질(marking)

* 블라우스 소요량 예시(총장 : 70cm, 가슴둘레 : 92cm 기준)

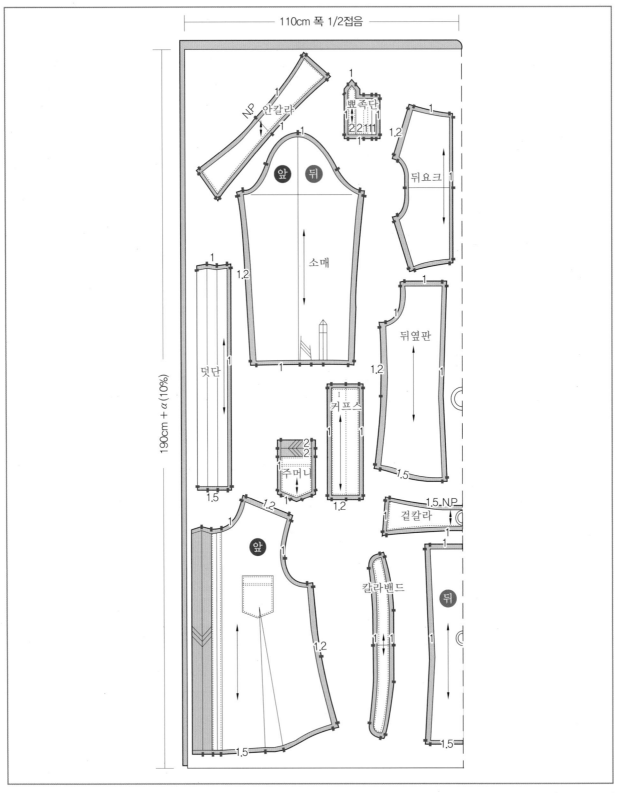

110cm 폭 1/2접음

190cm + α(10%)

N.P 안칼라

뻗조단

뒤요크

앞 뒤

소매

덧단

뒤옆판

커프스

주머니

걸칼라 1.5 N.P

앞

칼라밴드

뒤

110×190cm+α(10%)

1 패턴 확인하기

2 원단 수축률 확인하기

재단 전 원단을 30×30cm로 자르고 다림질해서 수축률을 확인한 후 패턴을 배치하고 마름질한다.

3 겉감 재단하기

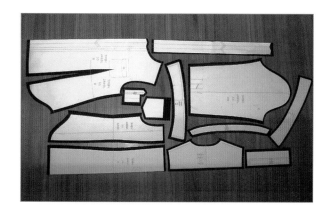

1. 원단의 식서선을 바르게 하여 패턴을 큰 것부터 배치한다.

2. 완성선과 시접선을 초크(자고)로 그린 후 시접선을 따라 재단한다.

3. 시접 분량은 원단의 풀림과 두께를 고려한다.

👑 겉감 시접 분량(cm)

F판 : 앞길-패턴 참고 / 목, 진동, 소매산, 소매단 어깨 1.0 / 사이드 솔기선 1.0~1.2 / 옆솔기 1.0~1.2, 밑단 1.5

앞단-패턴 참고

B판 : 중심, 골(붙이기) / 목, 진동, 요크, 어깨 1.0, 사이드 솔기 1.0~1.2 / 옆솔기 1.0~1.2, 밑단 1.5

4 심지 재단 & 부착하기

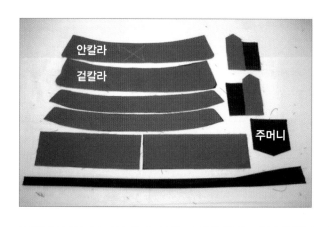

1. 심지 부착점 부분의 형태나 크기에 잘 맞게 재단한다. (가능한 작게)

2. 덧단(단작)과 뾰족단(견보루)은 재단된 완성선 너비에서 0.5cm 가로 방향으로 추가하여 재단한다.

👑 블라우스 소요량 예시(총장 : 70cm, 가슴둘레 : 92cm 기준)

1. 150×155cm+α(10%)

2. 110×190cm+α(10%)

5 실표뜨기

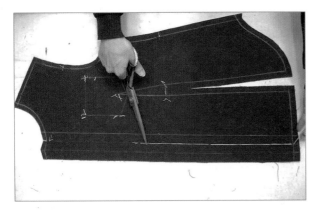 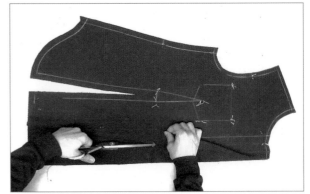

1. 재단된 두 장의 원단에 패턴의 완성선을 표시한다.

2. 면사 2올을 사용하여 완성선에서 안쪽 방향으로 뜬 후 1cm 정도 남기고 자른다.

3. 두 장이 맞대어 있는 상태에서 위의 한 겹을 제치고, 실이 빠지지 않게 조심해서 두 장 사이의 실을 자른다.

주의 가위 끝에 원단이 잘리지 않게 한다.

👑 솔기점 완성선 표시는 가윗집(너치) 넣기와 실표뜨기 공정을 병행하여 표시하기도 한다.

6 테이프 부착하기

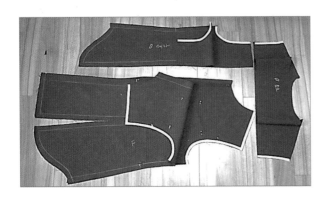

1. 원단의 겉면에 1cm 미만의 늘어짐 방지 접착 테이프를 부착한다.

2. 어깨선, 소매둘레, 시접 쪽에 부착한다.

7 앞단 만들기(왼쪽)

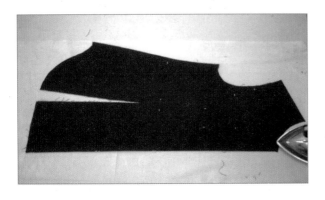

1. 안자락 쪽(시다 쪽, 왼쪽)에 제물 안단을 만든다.

2. 안자락 쪽 여밈분은 겉자락 쪽(우아 쪽, 오른쪽) 여밈분 기준 0.2cm 정도 작게 안쪽으로 두 번 접어 다림질한다.

8 덧단(단작) 분량 자르기(오른쪽)

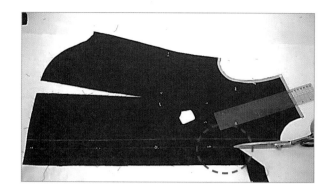

1. 겉자락 쪽(오른쪽) 덧단 분량의 패턴을 놓고 덧단분을 차감한 완성선을 그린다.

2. 1cm 시접을 두고 분리하여 재단한다.

9 덧단 연결하기(오른쪽)

1. 겉자락 쪽 앞 덧단은 몸판과 덧단을 겉끼리 맞대어 덧단을 위에 놓고 1차 박음질한다.

2. 앞판 덧단 붙이기, 안단 접어박기, 중간 공정해둔 모습

👑 다트 끝 유두점은 입체감을 주어야 한다.

10 앞판 다트 통솔 박기

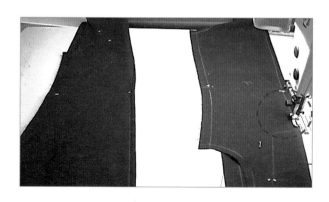

1. 다트 끝부분은 얇은 원단일 경우 끝부분 되박음질하지 않고 실을 1cm 정도 남기고 자른다.
   참고 2. 봉제 기초 및 부분 봉제 40쪽 통솔

2. 일반적인 원단은 1회 정도만 후진했다가 자른다.

3. 박음질 후 시접은 앞중심 쪽으로 뉨솔 다림질한다.

👑 다트 끝은 날카롭게(화살촉 모양), 약간 곡선 박음질한다.

11 주머니 만들기

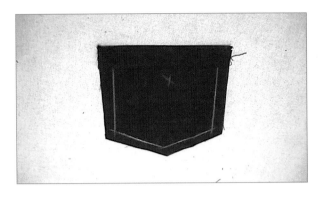

1. 주머니는 안단 분량을 3cm 주고 1cm는 접는다.

2. 겉단과 안단 겉면끼리 맞대어 완성선 양쪽 옆선을 박음질한 후 뒤집는다.

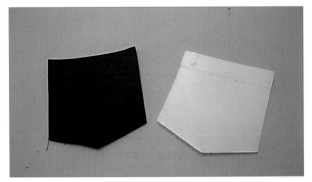

3. 주머니 양쪽의 시접 길이 쪽 완성선을 초크로 그리거나 형지를 위에 올려놓고 접어서 다림질한다.

4. 접은 시접은 0.5~1cm 정도 남기고 자른다.

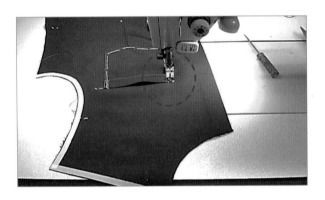

5. 완성된 주머니를 표시선에 맞춰 원단 두께 정도로 입구에 여유분을 주고 시침한 뒤, 양쪽 끝은 디자인에 맞게 장식 스티치 박음질한다.

> 주의 주머니를 달 때 뒤틀리지 않게 박음질한다.

> 👑 주머니 안단 분량을 2cm 정도 주고 두 번 접는 방법도 있다.

12 사이드 솔기선 통솔 박기

1. 1차 : 원단 안쪽 면끼리 맞대어 작은 조각을 위에 두고 0.3~0.5cm 시접을 남기고 박음질한다.

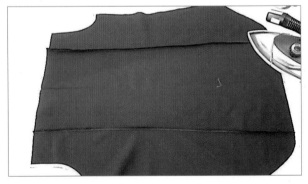

2. 2차 : 작업 시 올이 풀려 있으면 가위로 자르고 박음질된 시접은 뉨솔로 다림질한다.

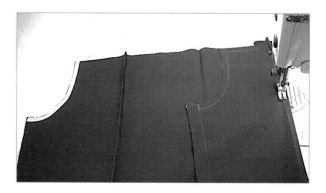 

3. 3차 : 겉면끼리 맞대고 완성선을 기준으로 작은 조각을 위로 하여 박음질한다.

4. 통솔 박기한 뒤 허리선 곡선 시접 부분은 다리미로 늘려가며 모양을 잡고(노바시) 중심 쪽으로 마주 보게 다림질한다.

⑬ 뒤 몸판 요크 박기

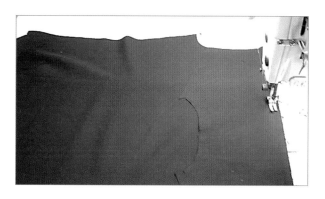 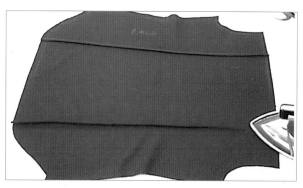

1. 두 장의 요크 사이에 뒤 몸판을 끼워놓고 박음질하거나 몸판 위에 요크 겉면을 먼저 시침 박음질한 후 뒷면 요크를 박음질한다.

> **주의** 아래쪽 요크 솔기 시접이 이탈되지 않게 한다.

2. 박음질된 요크는 겉면 쪽에서 다림질한다.

> ♔ 요크 뒷면은 여유가 있는 것이 좋다.

⑭ 어깨선 연결하기

1. 뒤판 겉면의 요크 어깨선과 앞판의 어깨선 겉면을 맞대어 1차 박음질한다.

2. 뒷면 쪽 요크를 뒤로 돌려놓고 2차 박음질한다.

> ♔ 요크 뒷면 어깨선을 앞판 어깨선에 먼저 박음질한 뒤 요크 겉면 어깨선 솔기 시접을 접어 끝스티치로 고정 박음질하기도 한다.

15 옆솔기 통솔 박기

1. 1차 : 원단 안쪽 면끼리 맞대어 앞판을 위로 두고 0.3~ 0.5cm 솔기선 시접을 남기고 박음질한다.

2. 2차 : 시접을 정리하여 뉨솔 다림질한 뒤 겉면끼리 맞대 어 앞판을 위로 두고 완성선을 박음질한다.

3. 3차 : 통솔 박기 후 허리 곡선 시접 부분은 다리미로 늘 려가며 모양을 잡고, 뒤판 쪽으로 뉨솔 다림질한다.

16 밑단 만들기

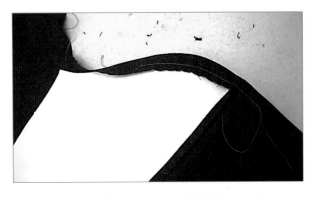

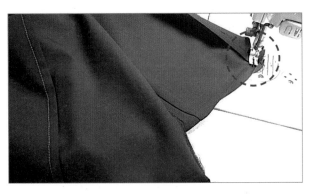

1. 밑단 곡선 모양은 느린 땀수로 박음질한다.

2. 패턴을 밑단 완성선에 끼우고 실을 잡아당기면서 밑단 을 곡선 모양으로 만들어가며 다림질한다.

3. 패턴을 들어내고 시접을 한 번 더 접은 후 다림질한다.

4. 덧단의 밑단 쪽 안단분을 위로 하고 겉면끼리 맞대어 밑단 완성선을 박음질한 뒤 시접을 정리하고 뒤집어 다 림질한다.

> ♨ 안단분을 박음질할 때는 완성선에서 0.2cm 정도 띄우고 한다.

17 덧단 및 밑단 장식 스티치하기

1. 겉자락(오른쪽) 덧단과 안자락(왼쪽) 안단은 장식 스티 치로 고정 박음질한다.

2. 밑단의 장식 스티치 및 앞단을 마무리한 모습

18 칼라 만들기

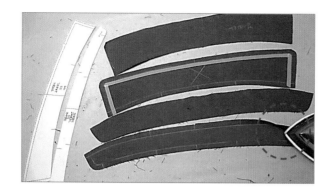

1. 칼라와 밴드에 심지를 부착한다.
2. 안칼라(지에리)에 다데 테이프를 부착한다.
3. 목에 닿는 부분의 밴드 하단 시접은 위로 꺾어 다림질한다.
4. 어깨점, 뒷중심, 앞여밈점을 표시한다.

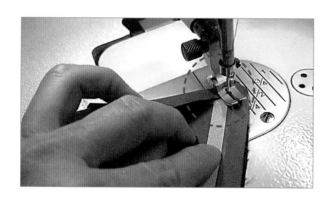

5. 겉칼라와 안칼라 겉을 맞대고 안칼라 쪽을 위로 하여 앞곡선 부분 겉칼라 쪽에 0.2~0.3cm 정도 여유분을 주고 박음질한다.

♨ 겉칼라, 안칼라 패턴은 각각 제작하는 것이 좋다.

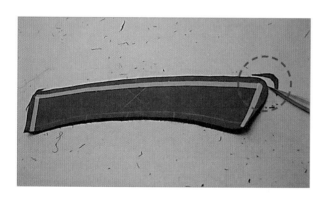

6. 안칼라 시접은 0.2~0.3cm 정도 남겨 계단 형태로 자르고, 곡선 및 모서리 부분은 0.3cm 정도 남기고 자른다.

♨ 원단 두께에 따라 솔기선 처리 방법이 달라질 수 있다.

7. 칼라 솔기선 시접은 가름솔 또는 뉨솔로 꺾어 다림질한다.
8. 안칼라 쪽으로 겉칼라 면이 0.1~0.2cm 넘어 오게 다림질한다.

♨ 디자인에 따라 안칼라의 누름 상침 스티치로 박음질하기도 한다.

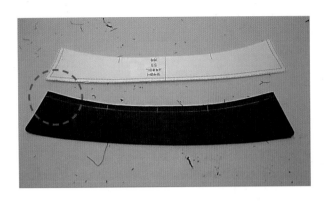

9. 다림질 후 칼라는 밴드와 연결할 수 있도록 안칼라에 완성선을 그리고 맞춤 표시를 한다.

♨ 1. 겉칼라에 원단 두께 정도의 여유분을 준다.
　 2. 겉자락 쪽 칼라 앞깃은 디자인에 따라 원단 두께 정도 작게 제작한다.

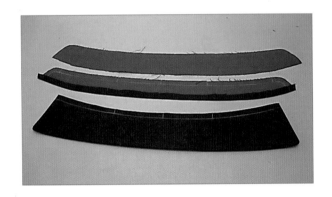

10. 위 칼라와 칼라 밴드의 합복 준비

11. 꺾어둔 칼라 밴드 한 장과 만들어둔 위 칼라 겉면을 맞대어 맞춤 표시에 시침한다.

12. 그 뒤에 칼라 밴드 나머지 한 장을 맞대어 박음질한다.

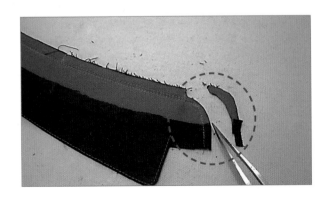

13. 양쪽의 곡선 부분 시접을 0.3cm 정도 남겨 자르고, 시접은 정리한 후 뒤집어 다림질한다.

19 칼라 달기

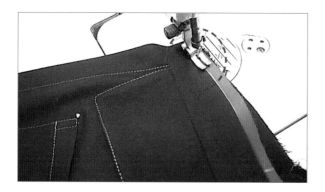 

1. 몸판 겉면과 안쪽 밴드 겉끼리 맞대어 목둘레선 완성선을 기준으로 어깨점, 뒷목점을 따라 박음질한 뒤 시접을 정리한다.

   주의 밴드를 다는 시작점은 몸판의 앞목둘레점에 정확히 맞춰야 한다.

2. 겉면 밴드를 1차 박음질한 선 위로 시접을 덮어주면서 장식 스티치로 밴드 둘레를 고정 박음질한다.

   ♕ 시작점, 어깨점, 뒷목점을 맞춤 표시점에 맞추어 준다.

20 트임 만들기

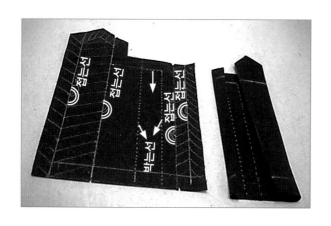

1. 완성 너비 2cm를 기준으로 덧단감 재단 사이즈는 트임 길이를 +5cm 정도, 너비를 9cm로 한다.

2. 겉 덧단은 1cm 시접을 접은 후 2cm 접는다.

3. 안 덧단은 0.8cm로 두 번 접는다.

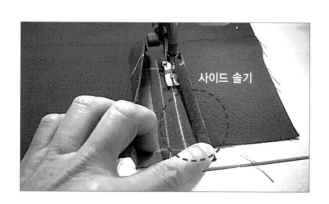

사이드 솔기

4. 겉 덧단감 2cm를 접은 완성선 가장자리와 안 덧단감 0.8cm를 접어둔 완성선 가장자리를 표시한 뒤 소매 뒷면 쪽 트임점에 맞대고 ㄷ자로 박음질한다.

   ♕ 0.8cm 안단 쪽 박음질 표시선을 트임 표시선에 맞대어 일치시킨다.

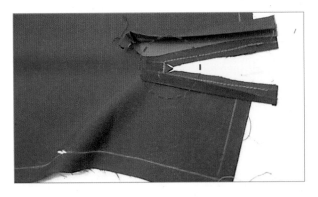

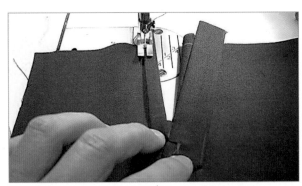

5. ㄷ자 박음질된 중심을 Y 모양으로 정확히 사선으로 자른다.

6. 안자락 쪽 안단감을 위로 올려 끝스티치로 누름 상침 박음질한다.

7. 겉 덧단감은 안 덧단 위에 올려놓고 가지런히 정리한 뒤 끝스티치로 누름 상침 고정 박음질한다.

8. 트임이 완성된 모습

21 커프스 만들기

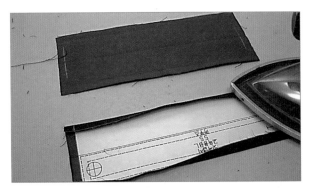

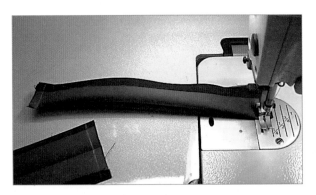

1. 커프스 심지를 부착하고, 겉면 부리 쪽 솔기선 시접을 1cm 접어서 다림질한다.

2. 커프스 너비를 완성선 기준으로 골이 되게 접어서 다림질한다.

3. 커프스 양쪽 옆솔기를 박음질한다.

4. 시접을 정리하여 뒤집은 후 커프스 안단 뒤쪽에서 다림질한다.

👑 디자인에 따라 커프스 심지는 겉면 안쪽에 0.5cm 더하여 한 면만 붙이기도 한다.

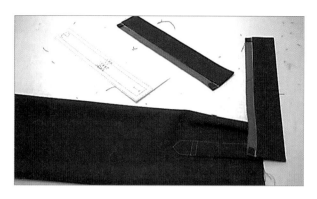

5. 1차 : 소맷부리 안쪽에 커프스 안단을 맞대어 박음질한다.

　　👑 커프스 양쪽 시접을 접고 접힘선 사이에 소맷부리를 끼워서 박음질하기도 한다.

6. 2차 : 커프스를 소매 겉면 쪽으로 넘기고, 1차 커프스 달기한 시작점과 끝점 부분의 시접을 정리한 뒤 장식 스티치로 고정 박음질한다.

22 소매 만들기

1. 소매산(둘레)의 시접선 끝에서 0.5cm를 먼저 박고, 평행하게 0.2cm를 띄워 진동둘레 2/3지점 정도까지 박음질한다.

　　👑 윗실 장력을 약간 조여 박음질한다.

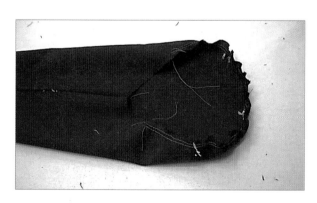

2. 소매둘레 오그림(이즈) 분량은 진동둘레에 맞춰 실이 느슨한 쪽을 선택해 두 줄을 함께 조심해서 잡아당긴다.

3. 소매산 중심이 오그림 분량이 가장 많으며, 겨드랑이점으로 갈수록 점차 줄어든다.

4. 소매 다리밋대에 끼워서 당겨둔 오그림 분량이 셔링되지 않도록 오그림 다림질한다.

　　주의 소매의 어깨 안쪽 면에서 다림질한다.

23 소매 달기

1. 겨드랑이점에서 소매산을 향해 소매를 단다(너치 기준).
   주의 어깨 부분에 셔링 및 개더가 생기지 않게 한다.

2. 바이어스 테이프는 완성물 기준(시접분 포함) 0.5~1cm 정도 재단하고, 소매(진동둘레) 시접을 정리한다.

3. 몸판 아래 바이어스 테이프를 2cm 정도 접어 겨드랑이점에 맞대고, 둘레를 돌려가며 박음질한다.
   (재단 너비 : 4cm 정도)

24 소매 바이어스 테이프하기

1. 몸판 아래 박아둔 바이어스 테이프를 겨드랑이점에서부터 위로 올려 접어가며 고정 박음질한다.

2. 바이어스 테이프가 박음질된 부분은 오그림 다림질한다.

3. 바이어스 테이프가 부착된 모습
   주의 소매 달림 위치는 몸판 옆솔기선 기준으로 약간 앞길 방향 쪽으로 달려야 한다.

25 단춧구멍 만들기

1. 일자 단춧구멍(나나인치) 표시는 단추 지름에 단추 두께를 더한다.

2. 단춧구멍 만들기 후 단추 달림 표시를 한다.

♨ 일자 단춧구멍은 겉자락 겉면 쪽에 표시한다.

26 단추 달기

1. 단추 달기를 할 때는 시작과 끝매듭을 잘 한다.

2. 기둥 세우기는 겉자락 두께 정도의 높이로 튼튼하게 실을 감아 단다.

3. 단추 자체에 기둥이 만들어져 있으면 튼튼히 단다.

27 완성 다림질하기

1. 실표뜨기, 시침실, 봉탈 여부를 확인한 후 정리한다.

2. 안감이 있는 완성 제작물은 안감이 열에 약하므로 안감부터 다림질한다.

3. 겉면으로 솔기선 등 시접 자국이 드러나지 않게 다림질한 후 수분(스팀)이 남아 있지 않도록 한다.

👑 원단이 다리미 열에 오그라드는 현상이나 번쩍거림 현상을 미연에 방지하기 위해 다림천(시프)을 제작물 위에 올려놓고 다림질하면 안전하다.

완성된 앞모습 및 옆모습

완성된 뒷모습

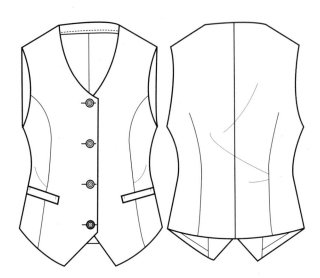

● 베스트 제작 순서_V-Neck Vest

🖐 베스트 마름질(marking)

1 패턴 확인하기

2 원단 수축률 확인하기

3 겉감 재단하기

4 안감 재단하기

5 심지 재단하기(부착)

6 실표뜨기(앞판 제외)

7 앞판 2차 마름질(실표뜨기)

8 테이프 부착하기

9 앞판 프린세스 라인 박기

10 앞판 프린세스 라인 다림질하기

11 웰트 포켓 만들기

12 뒷중심 다트 박기

13 뒤판 다림질하기

14 어깨선 연결하기

15 안단 어깨선 연결하기

16 안감 만들기

17 안단에 안감 연결하기

18 겉감과 안단 연결하기

19 앞판 진동 시접 정리하기

20 겉감과 안감 연결 부분 뒤집기

21 안단 다림질하기

22 옆솔기 박기

23 옆솔기선 다림질하기

24 안감 밑단 합복하기

25 감침질(손바느질)하기

26 안감 다림질하기

27 단춧구멍 표시하기

28 단추 달기

29 완성 다림질하기

☀ 베스트 마름질(marking)

* 베스트(겉감) 소요량 예시(총장 : 45cm, 가슴둘레 : 89cm 기준)

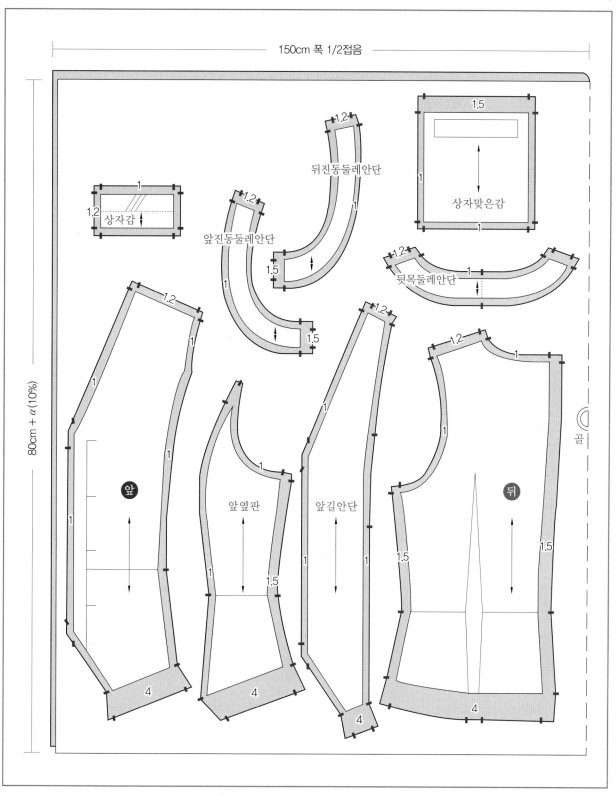

150cm 폭 1/2접음

80cm + α(10%)

상자감

1.5 상자맞은감

뒤진동둘레안단

앞진동둘레안단

뒷목둘레안단

앞

앞옆판

앞길안단

뒤

골

1. 150×80cm+α(10%)   2. 110×95cm+α(10%)

1 패턴 확인하기

2 원단 수축률 확인하기

재단 전 원단을 30×30cm로 자르고 다림질해서 수축률을 확인한 후 패턴을 배치하고 마름질한다.

3 겉감 재단하기

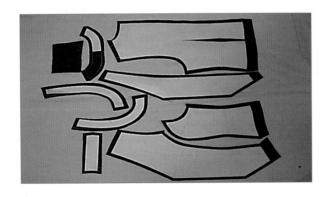

1. 원단의 식서선을 바르게 하여 패턴을 큰 것부터 배치한다.

2. 완성선과 시접선을 초크로 그린 후 시접선을 따라 재단한다.

3. 시접 분량은 원단의 풀림과 두께를 고려한다. 진동 안단 재단은 디자인에 따라 결정한다.

♛ 겉감 시접 분량(cm)

F판 : 앞길, 목, 진동, 요크 1.0 / 사이드 솔기 1~1.2
　　　어깨, 옆솔기 1.2~1.5 / 밑단 4.0~4.5
B판 : 목, 진동, 요크 1.0 / 중심 1.2~1.5 / 사이드 솔기 1~1.2
　　　어깨, 옆솔기 1.2~1.5 / 밑단 4.0~4.5

♛ 베스트(겉감) 소요량 예시

(총장 : 45cm, 가슴둘레 : 89cm 기준)
1. 150×80cm$+\alpha$(10%)
2. 110×95cm$+\alpha$(10%)

4 안감 재단하기

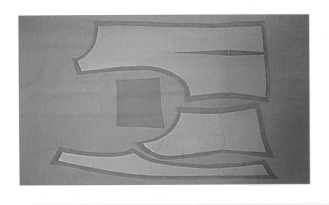

1. 안감 패턴은 수정된 패턴을 사용한다.

2. 안감의 식서선을 바르게 하여 패턴을 큰 것부터 배치한다.

3. 완성선은 초크나 너치를 병행하여 표시한다.

♛ 안감 시접 분량(cm)

F판 : 안단선, 목, 진동 1.0 / 사이드 솔기 1~1.2
　　　어깨, 옆솔기 1.2~1.5 / 밑단 1.0~1.5+1(앞길 안단 여유분)
B판 : 목, 진동 1.0 / 중심 1.2~1.5 / 사이드 솔기 1~1.2
　　　어깨, 옆솔기 1.2~1.5 / 밑단 1.0~1.5

♛ 베스트(안감) 소요량 예시

(총장 : 45cm, 가슴둘레 : 89cm 기준)
110×65cm$+\alpha$(10%)

5 심지 재단하기(부착)

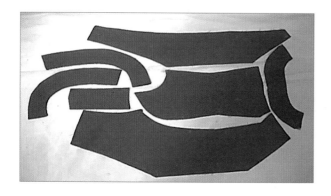

1. 심지 부착점 부분의 형태나 크기에 잘 맞게 재단한다. (가능한 작게)

2. 심지 부착 시 심지에 여유를 주며 부착한다. (심지가 수축됨)

3. 밑단 심지 부착 시 완성선 1cm 위로 올려붙인다.

👑 원단 결의 움직임이나 탄력성이 필요한 부분은 바이어스 재단하여 부착하는 경우도 있다.

6 실표뜨기

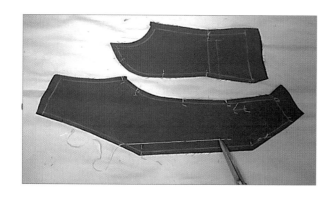

1. 심지 부착 후 패턴을 올려놓고 완성선을 그린다.

2. 재단된 두 장 원단에 패턴의 완성선을 표시한다.

3. 면사 2올을 사용하여 완성선에서 안쪽 방향으로 뜬 후 1cm 정도 남기고 자른다.

4. 앞길, 안단은 심지 부착 후 실표뜨기하면 완성도가 높다.

👑 솔기점 완성선 표시는 가윗집(너치) 넣기와 실표뜨기 공정을 병행하여 표시하기도 한다.

7 앞판 2차 마름질(실표뜨기)

두 장이 맞대어 있는 상태에서 위의 한 겹을 제치고, 실이 빠지지 않게 두 장 사이의 실을 자른다.

주의 가위 끝에 원단이 잘리지 않게 한다.

8 테이프 부착하기

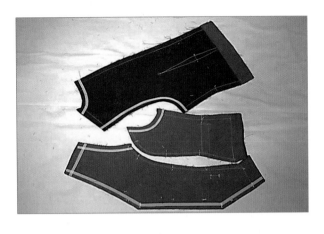

1. 앞길, 목둘레, 진동둘레에 테이프를 부착한다.
   (늘어짐 방지)

2. 앞길, 목둘레, 진동둘레는 완성선 안으로 부착하고, 어깨선은 완성선 중심에 부착한다.

> ⚜ 밑단 심지를 부착할 경우에는 뒤판 밑단의 완성선 1cm 위로 올려 부착한다.

9 앞판 프린세스 라인 박기

 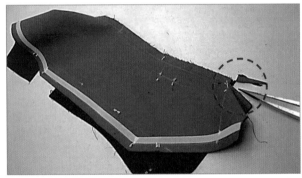

1. 몸판 겉과 프린세스(작은 판) 라인 겉을 맞대고, 작은 판을 위로 하여 맞춤 표시에 맞춰 박음질한다.

> ⚜ 진동선 표시점(실표뜨기)에 정확히 맞춰 박음질한다.

2. 밑단 부분의 솔기선 시접을 정리한다.

3. 허리선 시접은 늘림 다림질한 후 가름솔 다림질한다.

10 앞판 프린세스 라인 다림질하기

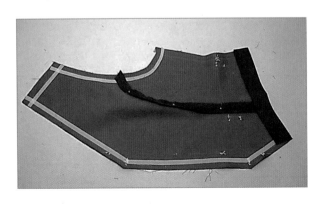

1. 가슴선 부분은 다리미 보조대를 사용하여 가름솔 다림질한다.

2. 앞길 확인 후 밑단을 접어 다림질한다.

> ⚜ 유두점에는 입체감을 주어 다림질한다.

11 웰트 포켓 만들기

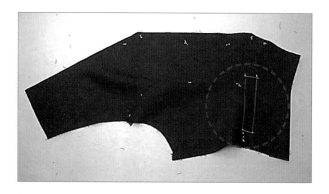

1. 겉면 쪽에 웰트 포켓 위치를 초크로 그린다.

2. 웰트 포켓 재단물 심지를 부착한다.

3. 상자 패턴을 기준으로 양쪽 완성선을 그린다.

4. 양쪽 완성선 박음질 후 시접을 0.5cm 정도 자른다.

5. 상자를 뒤집어 다림질한 후 안단에 완성선을 그린다.

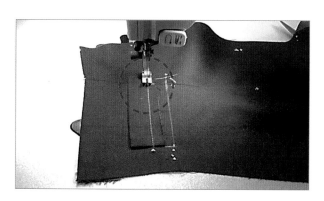

6. 상자 너비의 완성선을 주머니 입구 아래쪽 표시선에 상자 겉을 맞대고, 양쪽 끝을 정확히 맞춰 박음질한다.

7. 제원단 맞은감 겉을 주머니 입구 위쪽에 맞댄다.

8. 상자 너비 기준 1cm 정도 작게 박음질한다. 이때 길이도 양쪽 끝점 기준 0.5cm씩 작게 박음질한다.

9. 주머니감은 상자감 시접에 박음질한다.

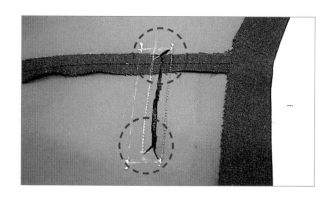

10. 주머니 입구가 될 부분은 몸판 봉제선 중간의 중심선을 자르고, 양쪽 끝점 박음선 1cm 정도에서 대각선으로 Y 모양이 되도록 자른다.

  > **주의** 가위 끝에 실이 잘리거나 되박음질선을 벗어나 자르면 안 된다.

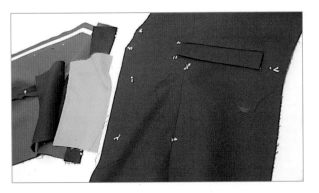

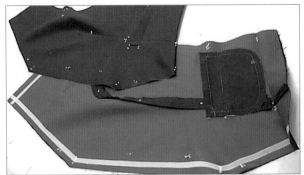

11. 상자 박음질된 부분은 다림질 후 양쪽 끝을 숨은 상침 및 공구르기 또는 장식 스티치 박음질한다.

👑 주머니 입구는 약간의 여유가 있어야 한다.

12. 완성선 기준으로 시접을 1cm 남기고 주머니감 쪽에서 맞은감과 주머니감을 맞대어 박음질한다.

13. 주머니감 길이는 밑단 완성선을 넘지 않아야 한다.

12 뒷중심 다트 박기

1. 겉면끼리 맞대어 윗감이 밀리지 않도록 뒷중심을 박음질한다.

2. 다트 끝부분은 얇은 원단일 경우 끝부분 되박음질을 하지 않고, 실을 1cm 정도 남기고 자른다.

3. 일반적인 원단은 1회 정도만 후진했다 자르는 것이 좋다.

👑 다트 끝은 날카롭게(화살촉 모양), 약간 곡선 박음질한다.

13 뒤판 다림질하기

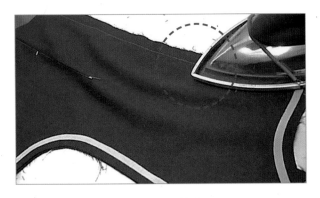

1. 등품선 부분은 오그림 다림질한다.

2. 허리선 부분의 시접은 늘림 다림질한다.

3. 밑단 심지는 완성선 위로 1cm 올려 부착한다.

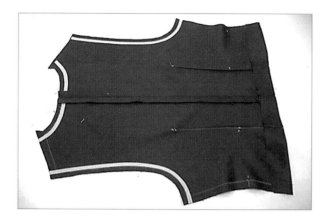

4. 뒤판 다트 시접은 중심 쪽으로 마주 보게 하여 뉨솔 다림질한다.

5. 뒷중심은 가름솔 다림질하고 뒷길이를 확인한 후 밑단을 접는다.

14 어깨선 연결하기

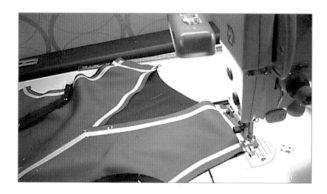

1. 어깨선 봉제 시 앞판과 뒤판 겉면까지 맞대어 앞판을 위에 두고, 뒤판에 오그림을 넣어가면서 박음질한다.

2. 뒤 어깨선 오그림분은 충분히 다린 후 가름솔 다림질한다.

15 안단 어깨선 연결하기

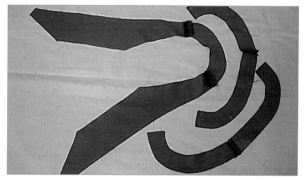

1. 앞길 안단과 뒷목둘레 안단 어깨선을 연결한다.

2. 소매 안단 어깨선도 연결한다.

16 안감 만들기

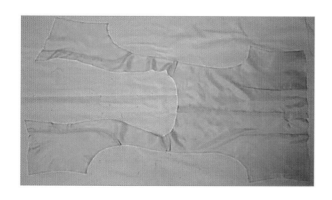

1. 뒷중심 박음질 후 다트를 박음질한다.

2. 앞 프린세스 라인을 연결하여 박음질한다.

3. 어깨선을 연결한다.

4. 프린세스 라인 다트 시접은 중심 쪽으로 마주 보게 하여 다림질한다.

17 안단에 안감 연결하기

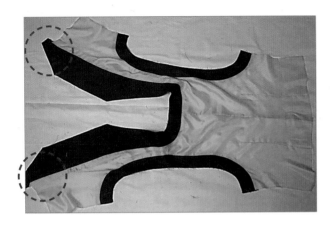

1. 앞 안단과 안감을 맞대어 안감을 위에 두고 안단 쪽에 약간의 여유를 주면서 밑단 완성선을 기준으로 2cm 띄우고 박음질한다.

2. 진동 안단에 안감 진동선을 연결한다.

> 🎗 안감 기장 처리 방법에 따라 앞 안단 길이의 끝까지 박음질 하기도 한다.

18 겉감과 안단 연결하기

1. 겉감 겉과 안단 겉끼리 맞대어 겉감을 위에 두고, 안단 시접 솔기선을 겉감 솔기선 기준 0.1cm 솔기선 쪽으로 빼준다.

2. 밑단, 앞길, 목둘레 순으로 박음질한다.

3. 진동둘레도 같은 방법으로 박음질한다.

> 🎗 봉제 시 완성선에서 0.1cm 정도 바깥쪽으로 박음질한다.

19 앞길 진동 시접 정리하기

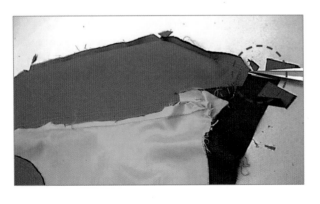

1. 안단에 누름 상침 후 시접 정리는 0.3cm 정도 남기고 계단 처리한다.

2. 곡선은 부분적으로 너치를 넣고 시접을 정리하여 자른다.

> 🎗 안단 시접분을 먼저 계단 처리한 후 누름 상침을 하기도 한다.

20 겉감과 안감 연결 부분 뒤집기

뒤판 쪽에서 어깨 사이로 손을 넣어 앞 몸판을 잡아당겨 뒤집는다.

21 안단 다림질하기

안단 쪽에서 겉면이 위로 살짝 넘어오게 다림질한다.

22 옆솔기 박기

1. 앞판 겉과 뒤판 겉을 맞대어 앞판을 위에 놓고, 앞판 쪽에서 박음질한다.

2. 안감 옆솔기 박기도 동일한 방법으로 한다.

23 옆솔기선 다림질하기

1. 몸판 허리선은 늘림 다림질 후 가름솔 다림질한다.

2. 안감은 겨드랑이점에서 시작하여 뒤판 쪽으로 뉨솔 다림질한 후 밑단을 정리한다.

24 안감 밑단 합복하기

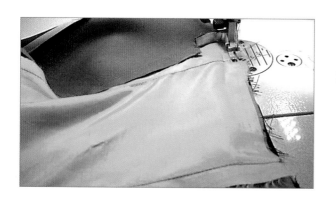

1. 안단선 부분에서 박음질을 시작하여 옆솔기선 부근에서 창구멍을 낸다(띄어서 봉제).

2. 반대쪽 안단선 부근까지 박음질한다.

25 감침질(손바느질)하기

밑단 시침 후 새발뜨기한 다음 뒤집어 공구르기하고 창구멍을 막는다.

👑 얇은 원단이나 민감한 원단은 새발뜨기를 생략하고 솔기점에 각각 고정시킨다.

26 안감 다림질하기

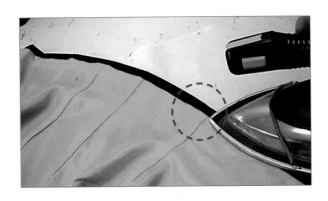

안감 밑단 길이는 정리하여 다림질한다.

주의 안감은 열에 약하므로 다림질할 때 주의한다.

27 단춧구멍 표시하기

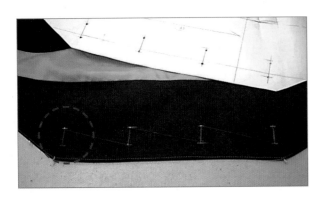

1. QQ(새눈 단추구멍)은 앞길 겉자락(오른쪽) 안단 쪽에 표시한다.

2. 앞중심선에서 단추 두께 정도 앞길 쪽으로 이동하여 표시한다.

3. 단춧구멍 길이는 단추 지름에 단추 두께를 더한다.

28 단추 달기

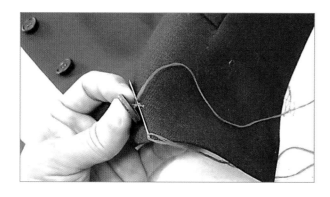

1. 단추 달기를 할 때는 시작과 끝매듭을 잘 한다.

2. 실기둥 세우기는 겉자락 두께 정도 띄워서 튼튼하게 실을 감아 단다.

3. 단추 자체에 기둥이 만들어져 있으면 튼튼히 달아준다.

29 완성 다림질하기

1. 실표뜨기, 시침실, 봉탈 여부를 확인한 후 정리한다.

2. 안감이 있는 완성 제작물은 안감이 열에 약하므로 안감부터 다림질한다.

3. 겉면으로 솔기선 등 시접 자국이 드러나지 않게 다림질 후 수분(스팀)이 남아 있지 않도록 한다.

👑 원단이 다리미 열에 오그라드는 현상이나 번쩍거리는 현상을 미연에 방지하기 위해 다림천을 제작물 위에 올려놓고 다림질하면 안전하다.

완성된 앞모습 및 안감 쪽 모습

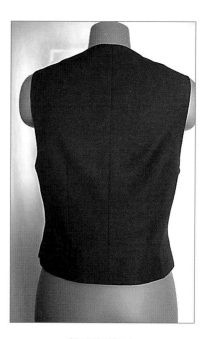

완성된 뒷모습

● 재킷 제작 순서_Tailored Collar Jacket

🔥 재킷 마름질(marking)
1 패턴 확인하기
2 원단 수축률 확인하기
3 겉감 재단하기
4 안감 재단하기
5 심지 재단하기(부착)
6 실표뜨기(앞판 제외)
7 앞판 2차 마름질(실표뜨기)
8 테이프 부착하기
9 앞판 봉제하기
10 앞판 다림질하기
11 웰트 포켓 만들기
12 플랩 & 쌍입술 포켓 만들기
13 파이핑(입술) 만들기

14 뒤판 봉제하기
15 뒤판 다림질하기
16 옆솔기 & 어깨 박기
17 칼라 만들기
18 몸판에 안단 박기
19 겉칼라 박기
20 안단 다트 & 목둘레선 연결하기
21 몸판 다트와 목둘레선 박기
22 칼라 목둘레선 다림질하기
23 앞길 시접 정리하기
24 라펠 및 앞길 다림질하기
25 소매 만들기
26 소매 트임 박기
27 소매 오그림 잡기

28 소매 달기
29 어깨심지 달기
30 진동 다림질하기
31 겉감 중간 공정 완성하기
32 안감 만들기
33 안단에 안감 연결하기
34 겉칼라 & 안감 목둘레선 연결하기
35 목둘레선 고정 시침하기
36 안감 & 몸판 밑단 합복하기
37 어깨 패드 붙이기(손바느질)
38 감침질하기(손바느질)
39 안감 다림질하기
40 단춧구멍 및 단추 달기
41 완성 다림질하기

🎀 재킷 마름질(marking)

* 재킷(겉감) 소요량 예시(총장 : 63cm, 가슴둘레 : 90cm 기준)

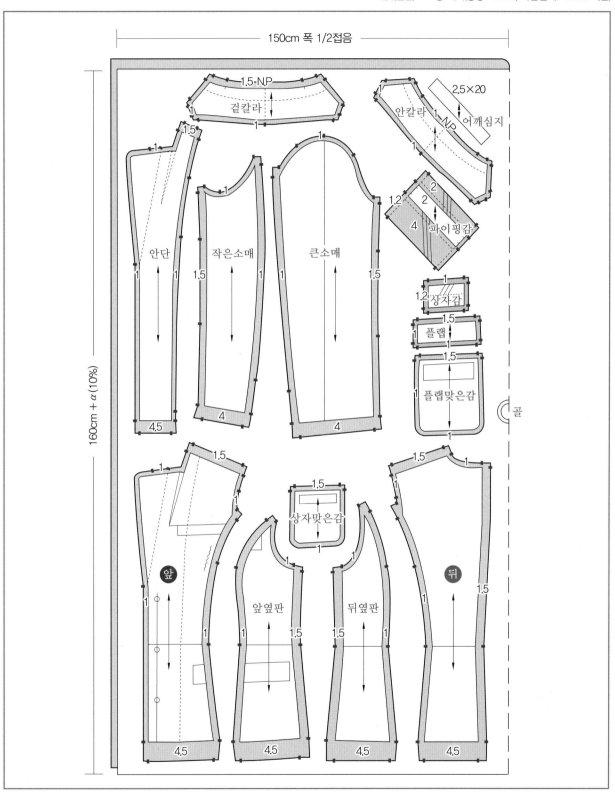

├── 150cm 폭 1/2접음 ──┤

160cm + α (10%)

1.5-N.P
겉칼라
2.5×20
안칼라 1-N.P 어깨심지
파이핑감
상자감
플랩
플랩맞은감
골
안단
작은소매
큰소매
상자맞은감
앞
뒤
앞옆판
뒤옆판

1. 150×160cm+α(10%)   2. 110×200cm+α(10%)

1 패턴 확인하기

2 원단 수축률 확인하기

재단 전 원단을 30×30cm로 자르고 다림질해서 수축률을 확인한 후 패턴을 배치하고 마름질한다.

3 겉감 재단하기

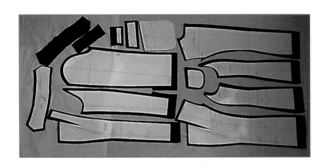

1. 원단의 식서선을 바르게 하여 패턴을 큰 것부터 배치한다.

2. 완성선과 시접선을 초크로 그린 후 시접선을 따라 재단한다.

3. 시접의 분량 주기는 원단의 풀림과 두께를 고려한다.

☵ 겉감 시접 분량(cm)

F판 : 앞길, 목, 진동, 소매산, 안단선 1.0 / 사이드 솔기 1~1.2 / 어깨, 옆솔기 1.2~1.5 / 상의 밑단 4.5~5 / 소매 밑단 4/ 소매 트임 – 패턴 참고

B판 : 목, 진동 1 / 중심 1.2~1.5 / 사이드 솔기 1~1.2 / 어깨, 옆솔기 1.2~1.5 / 밑단 4.5~5 / 소매 밑단 4

☵ 재킷(겉감) 소요량 예시

(총장 : 63cm, 가슴둘레 : 90cm 기준)

1. 150×160cm+α(10%)
2. 110×200cm+α(10%)

4 안감 재단하기

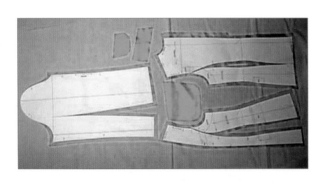

1. 안감 패턴은 수정 패턴을 사용한다.

2. 완성선은 초크나 너치를 병행하여 표시한다.

3. 안감의 식서선을 바르게 하여 패턴을 큰 것부터 배치한다.

☵ 안감 시접 분량(cm)

F판 : 목, 진동, 소매산, 안단선 1.0 / 사이드 솔기 1~1.2 / 어깨, 옆솔기 1.2~1.5 / 밑단 1.0~1.5+1(앞길 안단 여유분) / 소매 밑단 1~1.5

B판 : 목, 진동 1 / 중심 2.5 / 사이드 솔기 1~1.2 / 어깨, 옆솔기 1.2~1.5 / 밑단 1.0~1.5 / 소매 밑단 1~1.5

☵ 재킷(안감) 소요량 예시

(총장 : 63cm, 가슴둘레 : 90cm 기준)

110×140cm+α(10%)

5 심지 재단하기

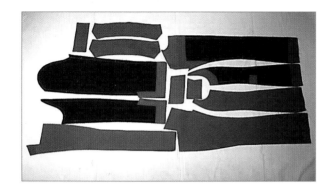

1. 심지 부착점 부분의 형태나 크기에 잘 맞게 재단한다.

2. 심지 부착 시 심지에 여유를 주며 부착한다(심지 수축).

3. 밑단 심지를 부착할 경우 뒤판 밑단의 완성선 1cm 위로 올려 부착한다.

> 🔔 1. 원단 결의 움직임이나 탄력성이 필요한 부분은 바이어스 재단하여 부착하는 경우도 있다.
> 2. 안자락 소매 트임 심지 부착은 디자인에 따라 결정한다.

6 실표뜨기

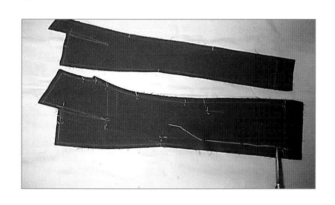

1. 심지 부착 후 패턴을 올려놓고 완성선을 그린다.

2. 재단된 두 장의 원단에 패턴의 완성선을 표시한다.

3. 면사 2올을 사용하여 완성선에서 안쪽 방향으로 뜬 후 1cm 정도 남기고 자른다.

4. 앞길, 안단은 심지 부착 후 실표뜨기하면 완성도가 높다.

> 🔔 솔기점 완성선 표시는 가윗집(너치) 넣기와 실표뜨기 공정을 병행하여 표시하기도 한다.

7 앞판 2차 마름질(실표뜨기)

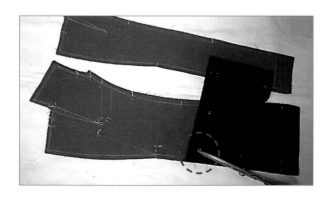

두 장이 맞대어 있는 상태에서 위의 한 겹을 제치고, 실이 빠지지 않도록 조심해서 두 장 사이의 실을 자른다.

주의 가위 끝에 원단이 잘리지 않게 한다.

8 테이프 부착하기

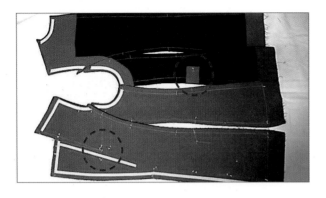

1. 다데 테이프 : 앞길, 꺾임선, 어깨(직선 부분) 몸판에 부착한다.

2. 진동둘레 테이프 : 진동둘레, 뒷목둘레(곡선 부분) 시접에서 0.5cm 띄워 부착한다.

3. 꺾임선 테이프는 테이프를 당겨서 부착한다.

4. 앞길, 목둘레는 완성선 안으로 부착하고, 어깨선은 완성선 중심에 부착한다.

> ⚓ 밑단 심지를 부착할 경우에는 뒤판 밑단의 완성선 1cm 위로 올려 붙이고, 주머니 위치에 3cm 정도 너비로 부착한다.

9 앞판 봉제하기

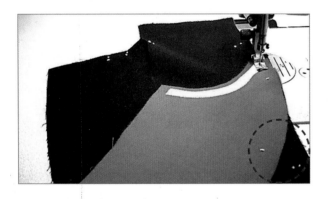

몸판 겉과 프린세스(작은 판) 라인 겉을 맞대고, 작은 판을 위로 하여 맞춤 표시에 맞춰 박음질한다.

> ⚓ 진동선 표시점(실표뜨기)에 정확히 맞춰 박음질한다.

10 앞판 다림질하기

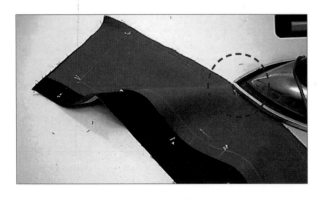 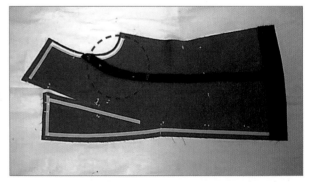

1. 허리선 부분은 늘림 다림질을 충분히 한 후 가름솔한다.

2. 가슴선 부분은 다리미 보조대를 사용하여 가름솔한다.

3. 앞길 확인 후 밑단을 접어 다림질한다. 특히 유두점은 입체감을 주어 다림질한다.

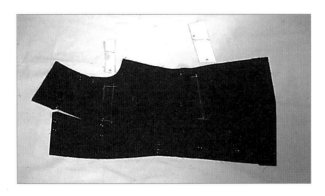

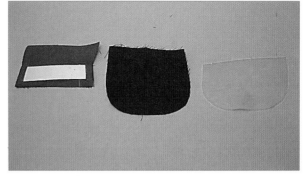

1. 겉면 쪽에 주머니 위치를 초크로 표시한다.

> **주의** 초크의 표시선이 원단에 남지 않도록 한다.

2. 웰트 포켓 제작에 필요한 부속품으로 제원단 맞은감, 주머니감, 상자감, 심지 등을 준비한다.

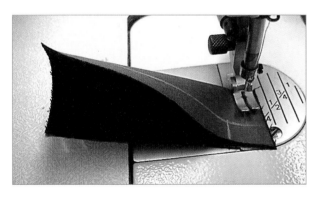

3. 상자감 심지 부착 후 반을 접어 상자 패턴 기준 양쪽 완성선을 박음질한다.

4. 시접은 0.5cm 정도 자른 후 뒤집는다.

5. 상자 안단 쪽에서 다림질한 후 상자 완성선을 그린다.

6. 상자 너비의 완성선을 주머니 입구 아래쪽 표시선에 상자 겉을 맞대고 양쪽 끝을 정확히 맞춰 박음질한다.

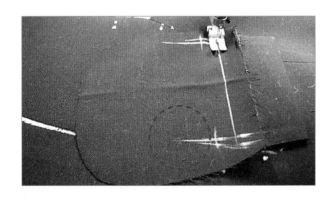

7. 제원단 맞은감 겉을 주머니 입구 위쪽에 맞댄다.

8. 상자 포켓 너비를 기준으로 1cm 정도 작게 박음질한다.

9. 이때 길이도 양쪽 끝점을 기준으로 0.5cm씩 작게 박음질한다.

10. 주머니감은 상자감 솔기에 연결한다.

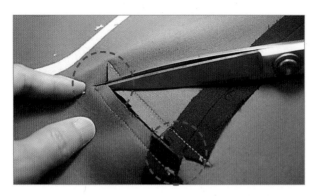

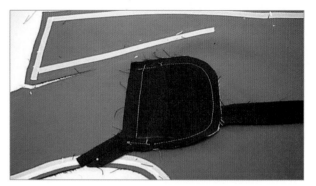

11. 주머니 입구가 될 부분은 몸판 봉제선의 중간 중심선을 자르고, 양쪽 끝점 박음선 1cm 정도에서 대각선으로 Y 모양이 되도록 자른다.

> **주의** 가위 끝에 실이 잘리거나 되박음질선을 벗어나 자르면 안된다.

12. 완성선 기준으로 시접을 1cm 정도 남겨두고 자른 뒷주머니감 쪽에서 맞은감과 주머니감을 맞대어 박음질한다.

> ♛ 주머니감 길이는 행커치프 길이를 감안하여 정한다.

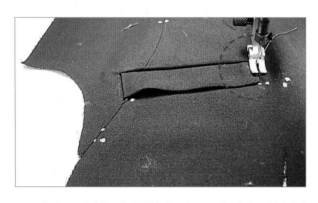

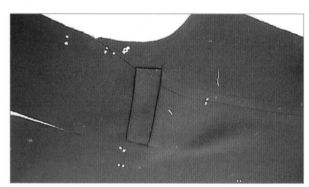

13. 상자 봉제선을 다림질한 후 양쪽 끝은 숨은 상침이나 공구르기 또는 장식 스티치 박음질한다.

> ♛ 주머니 입구는 약간의 여유가 있어야 한다.

14. 완성된 웰트 포켓은 시접 자국이 생기지 않도록 가볍게 다림질한다.

12 플랩 & 쌍입술 포켓 만들기

1. 파이핑감 심지 부착 후 파이핑 주머니 입구 길이에서 3cm 정도 더하고 폭은 8~9cm 정도 자른다(쌍입술 완성 1cm 기준).

2. 2cm 접고 다시 2cm 접는다.

3. 접은선 한 쪽당 0.5cm씩 몸판 겉에 파이핑감을 맞대고 박음질한다.

> **주의** 0.5cm씩 파이핑 박기할 때 반대쪽 솔기 시접이 박히지 않게 한다.

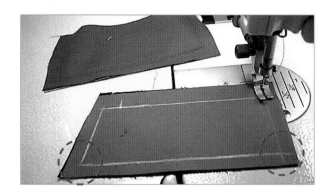

4. 플랩감 재단물에 심지를 부착한다.

5. 안단 쪽에 완성선을 그린다.

6. 플랩감 겉과 안단감 겉을 맞대어 안단 쪽에서 3면을 박음질한다.

🔱 플랩 겉감 쪽에 여유분을 주고 박음질한다.

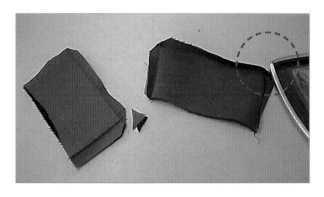

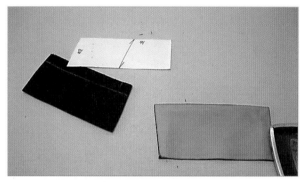

7. 직선 부분은 0.3~0.5cm로 자르고, 곡선 및 모서리 부분은 0.2~0.3cm 시접을 남기고 가위로 자른다.

8. 겉면 쪽으로 시접을 접어 다림질한 후 뒤집어 놓는다.

9. 안단 쪽으로 겉감이 살짝 넘어오게 하여 다림질한다.

10. 완성된 겉감 플랩에 완성선을 그린다.

🔞 파이핑(입술) 만들기

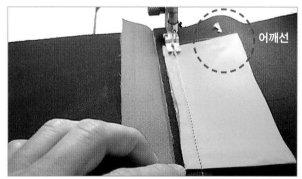

1. 완성된 플랩 위에 1차 파이핑 접은선을 맞대고 플랩 완성선에 0.5cm 시침 박음질한다.

2. 몸판 파이핑 표시점에 시침해둔 플랩을 올려놓고 시침선 0.5cm를 따라 박음질한다.

주의 플랩 길이 방향은 어깨선 쪽을 향하도록 놓는다.

3. 4cm 시접을 남겨둔 2차 파이핑 접은선은 주머니 표시 양쪽 끝점에 정확히 맞춰 0.5cm 박음질한다.

주의 먼저 박음질해둔 플랩 시접이 박히지 않게 한다.

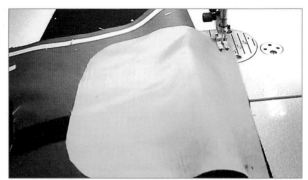

4. 주머니감은 파이핑감 시접 솔기에 맞대어 박음질한다.

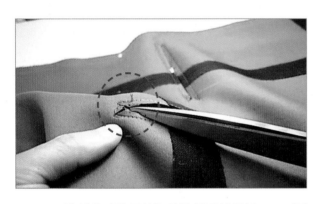

5. 0.5cm씩 박음질된 중심을 양쪽 끝점 박음선 1cm 지점에서 Y 모양이 되도록 조심히 자른다.

6. 입술 파이핑 형태를 깨끗이 정리한 후 다림질한다.

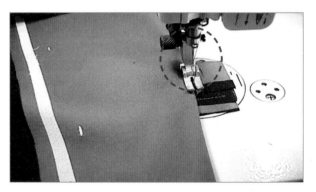

7. 파이핑 양쪽을 몸판 원단의 뒤쪽으로 빼내고 파이핑감이 겹침이나 벌어짐이 없도록 정리한 후 삼각형 모양의 시접과 함께 박음질한다.

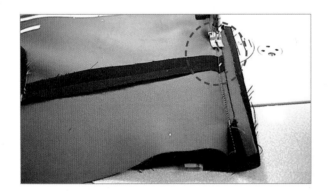

8. 맞은감 겉면과 파이핑감에 박음질되어 있는 플랩 솔기선을 맞대어 봉제선(완성선)을 따라 박음질한다.

주의 파이핑 너비가 좁아지지 않게 박음질한다.

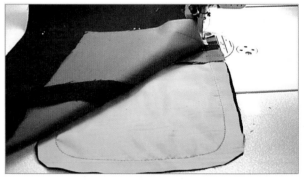

9. 맞은감과 주머니감을 맞대어 세 면을 완성선 기준 1cm 정도 시접을 남겨 자른 뒤 박음질한다.

👑 주머니감 길이는 밑단의 완성선을 넘지 않아야 한다.

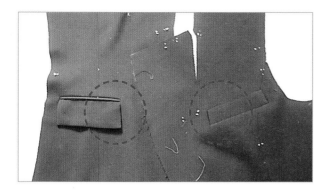

10. 주머니가 완성된 모습

11. 겉면 쪽으로 시접 자국이 생기지 않게 가볍게 다림질
한다.

> ♨ 주머니 만들기 공정 후 앞길 겉단과 안단 합복 공정과정 순서
> 를 결정한다. 옆솔기 및 어깨 박기 전, 후 시점에 결정한다.

14 뒤판 봉제하기

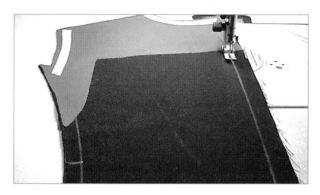

1. 겉면끼리 맞대어 뒷중심선을 박음질한다.

> 주의 윗감이 밀리지 않게 박음질해야 한다.

2. 몸판 겉과 프린세스(작은 판) 라인 겉을 맞대고, 작은 판
을 위로 하여 맞춤 표시에 맞춰 박음질한다.

> ♨ 진동선 표시점(실표뜨기)을 정확히 맞춰 박음질한다.

15 뒤판 다림질하기

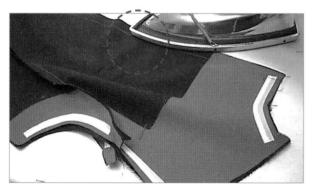

1. 등품선 부분은 오그림 다림질하고 허리선은 늘림 다림
질한 후 솔기가 당기지 않게 가름솔 다림질한다.

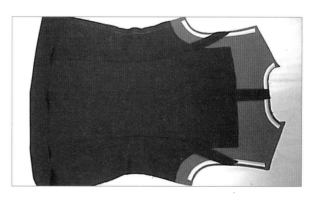

2. 뒤판은 가름솔로 다림질하고, 뒷길이 확인 후 밑단과 솔
기선 부분을 고르게 정리하여 접는다.

16 옆솔기 & 어깨 박기

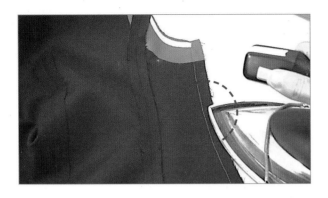

1. 옆솔기 봉제는 앞, 뒤판을 맞대어 앞판을 위에 두고 박음질한다.

2. 허리선 부분은 시접을 늘려 가름솔로 다림질한다.

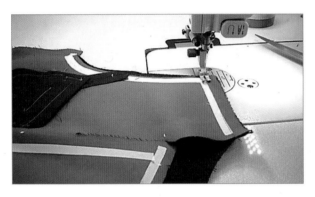

3. 어깨선 봉제 시 앞판과 뒤판 겉면끼리 맞대어 앞판을 위에 둔다.

4. 뒤판에 오그림(이즈)을 주면서 박음질한다.

5. 뒤 어깨선 오그림분은 충분히 다린 후 가름솔 다림질한다.

17 칼라 만들기

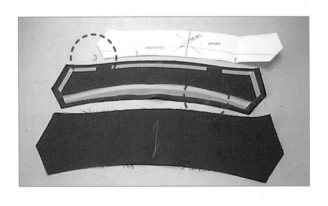

1. 칼라 재단물에 심지를 부착한다.
   (겉단 : 식서선 사용, 안단 : 바이어스 사용)

2. 안칼라(지에리)에 다데 테이프를 완성선 안으로 부착하면서 어깨점 위치에서 2~3cm 띄우고 부착한다.

3. 꺾임선 1/4 정도를 목둘레 쪽으로 이동한 후 심지를 한 겹 더 부착한다.

> 👑 목둘레 꺾임선 부분은 디자인에 따라 테이프를 부착하기도 한다.

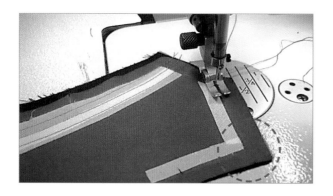

4. 안단 꺾임선은 누빔 박음질 또는 두 줄 스티치로 박음질하기도 한다.

5. 겉칼라와 안칼라를 겉면끼리 맞대어 안단 쪽에서 완성선 기준 0.1cm(원단 두께) 정도 띄우고 박음질한다.

6. 칼라 봉제 시 곡선 및 모서리 부분은 0.2~0.3cm 정도 여유분을 준다.

👑 겉칼라, 안칼라 패턴은 각각 제작하는 것이 좋다.

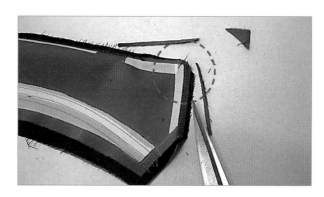

7. 안칼라 시접은 0.2~0.3cm 정도 남겨 계단 형태로 자르고, 곡선 및 모서리 부분은 0.3cm 정도 남기고 자른다.

👑 원단 두께에 따라 솔기선 처리 방법이 달라질 수 있다.

8. 안칼라 깃은 디자인에 따라 누름 상침이나 시접 가름솔 및 뉨솔로 다림질한다.

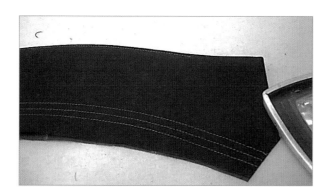

9. 겉칼라 면이 안칼라 쪽으로 살짝 넘어오도록 하여 안단 칼라 쪽에서 다림질한다.

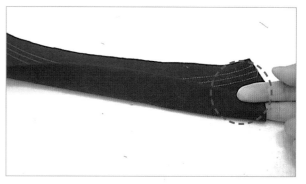

10. 칼라를 박아 뒤집기할 때 여유 분량을 주고 박아둔 칼라는 완성된 상태에서 살짝 말아준다.

11. 겉칼라 안쪽에 완성선(목둘레선 및 어깨점, 뒷중심점)을 표시한다.

18 몸판에 안단 박기

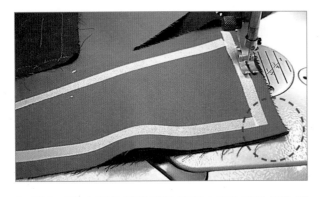 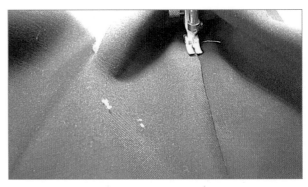

1. 몸판 라펠과 안단 라펠 겉을 맞대고 몸판 라펠 쪽을 위로 하여 곡선 및 모서리 부분의 안단에 0.2~0.3cm(원단 두께) 정도 여유분을 주고 박음질한다.

2. 완성선 기준 0.1cm 정도 띄우고 박음질한다.

> **주의** 밑단 끝점에서는 안단에 오그림이 들어가면 안 된다.

3. 몸판과 안단을 합복한 후 '라펠은 몸판 쪽'에서, '앞길은 안단 쪽'에서 디자인에 따라 누름 상침이나 가름솔 및 넘솔로 다림질한다.

19 칼라 박기

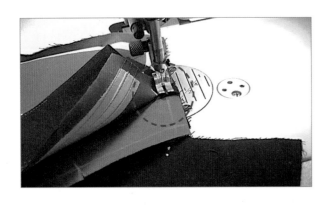

1. 안단 앞목둘레와 겉칼라 앞목둘레의 겉면끼리 맞대어 너치점에 맞춰 박음질한다.

2. 반대쪽도 동일한 방법으로 박음질한다.

3. 앞목둘레를 박음질한 후 솔기 시접은 0.5cm 정도 남기고 자른다.

> 👑 칼라를 달 때는 겉칼라부터 달아준다.

20 안단 다트 & 목둘레선 연결하기

1. 안단 다트 끝에서 시작하여 어깨선, 뒷중심선, 어깨선 다트 끝 순으로 마무리 박음질한다.

2. 얇은 원단일 경우 다트 끝은 되박음질하지 않고 1cm 정도 남기고 자른다.

> **주의** 다트 끝은 날카롭게(화살촉 모양) 박음질한다.

21 몸판 다트와 목둘레선 박기

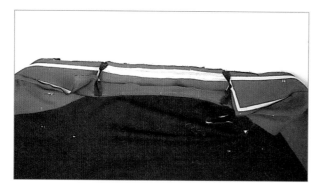

1. 몸판 다트와 목둘레선 부분 봉제가 합복된 모습

22 칼라 목둘레선 다림질하기

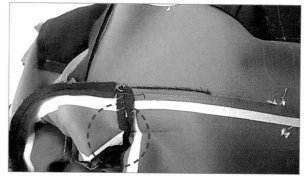

1. 칼라 달림점의 시작과 끝점에 너치를 넣고 목둘레 곡선은 얇게 부분 너치를 넣어 가름솔 다림질한다.

2. 다트는 원단이 얇으면 뉨솔 다림질한다.

23 앞길 시접 정리하기

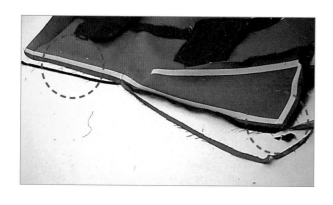

1. 라펠의 시접 정리는 계단식으로 몸판 쪽 시접을 0.2~0.3cm 남기고 자른다.

2. 꺾임선 밑으로 앞길도 계단식으로 안단 쪽 시접을 0.2~0.3cm 남기고 자른다.

3. 라펠과 앞길 시접은 0.5~0.7cm 남기고, 곡선 및 모서리 부분은 0.3cm 정도 남기고 자른다.

24 라펠 및 앞길 다림질하기

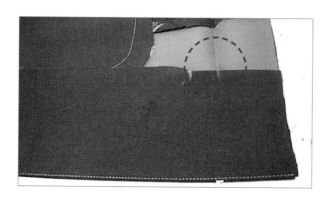

1. 라펠은 몸판 쪽으로 안단 면이 살짝 넘어오도록 다림질한다.

2. 꺾임선 아래 앞길은 몸판 겉면이 안단 쪽으로 살짝 넘어오게 다림질한다.

🔥 다음 공정인 안감 연결을 고려하여 안단선 길이 쪽으로, 안감 연결 박음질 시작과 마무리점은 2cm 정도 띄우고 표시한다.

25 소매 만들기

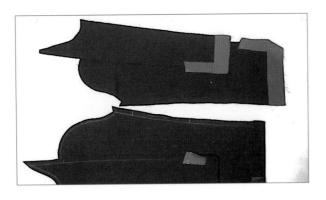

1. 소매 밑단, 옆솔기 트임에 심지를 부착한다.

2. 작은 소매의 트임 부분 심지는 디자인에 따라 부착 여부를 결정한다.

3. 밑단과 트임은 접어서 다림질한다.

26 소매 트임 박기

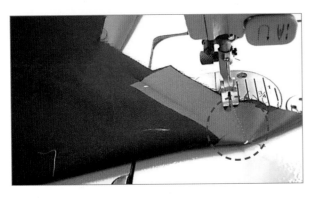

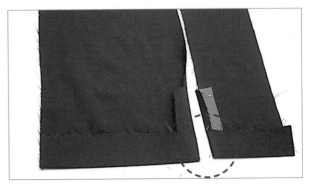

1. 접어둔 큰소매 트임 안단분과 접어둔 밑단분 겉면끼리 맞대어 사선 방향으로 정확히 박음질한다.

2. 시접분은 삼각형 모양으로 접은 후 뒤집어 다림질한다.

참고 2. 봉제 기초 및 부분 봉제 53쪽 트임·덧단

3. 큰소매는 사선 박음질 부분을 뒤집어 다림질한다.

4. 작은 소매는 트임 솔기선 시접을 1cm 정도 접은 후 밑단분을 위로 접은 뒤 박아서 뒤집어 다림질한다.

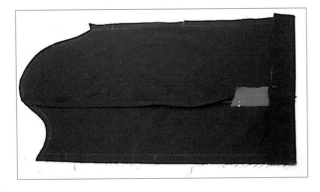

5. 작은 소매를 위로 하여 겉을 맞대고, 밑단을 접어둔 선(완성선)을 기준으로 2.5~3cm 지점까지 박음질한다.

6. 솔기선에서 트임점 위까지 가름솔 다림질한 후 트임점 아래 부분은 뉨솔 다림질한다.

7. 소매 트임의 완성된 모습

27 소매 오그림 잡기(이즈 처리)

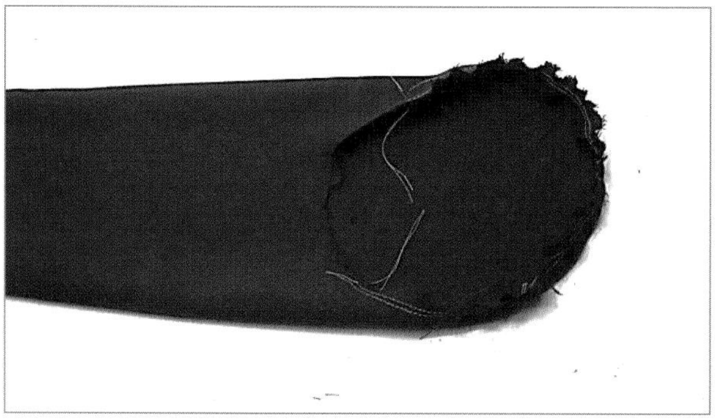

1. 소매산(둘레)의 시접 끝에서 0.5cm 먼저 박고, 평행으로 0.2cm 띄워 진동길이 2/3지점까지 박음질한다.
2. 소매둘레 오그림 분량을 진동둘레에 맞춰 실이 느슨한 쪽을 선택해 두 줄을 함께 조심히 잡아당긴다.
3. 안쪽 솔기는 큰소매를 위에 올려두고 너치끼리 맞춰 박음질한다. 소매산 중심이 오그림 분량이 가장 많으며, 겨드랑이점으로 갈수록 점차 줄어든다.

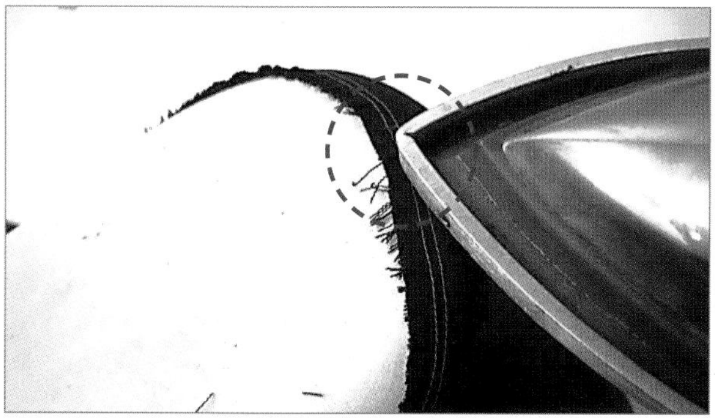

4. 소매 다리밋대에 끼워서 당겨둔 오그림이 셔링이 되지 않도록 다림질한다.

주의 소매 어깨 안쪽 면에서 다림질한다.

소매 오그림의 평행 두 줄 박기는 실 장력을 약간 조여서 박음질한다.

28 소매 달기

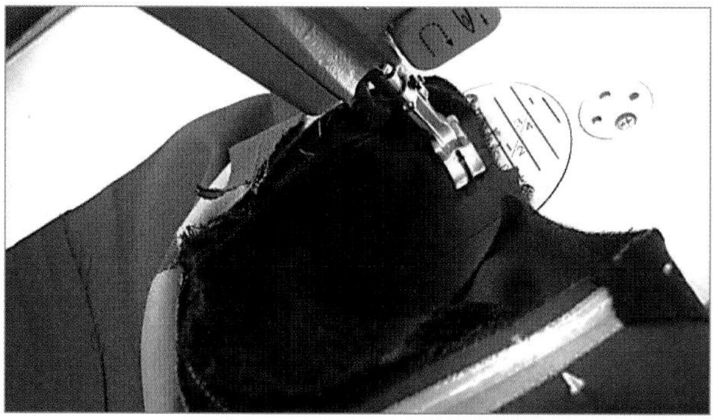

1. 겨드랑이점에서 소매산을 향하여 소매를 단다. (너치 기준)
2. 이때 소매산의 완성선에 셔링 및 개더가 생기지 않게 주의한다.

주의 몸판 쪽 진동둘레에 퍼커링이 생기면 안 된다.

29 어깨심지(슬리브 헤딩) 달기

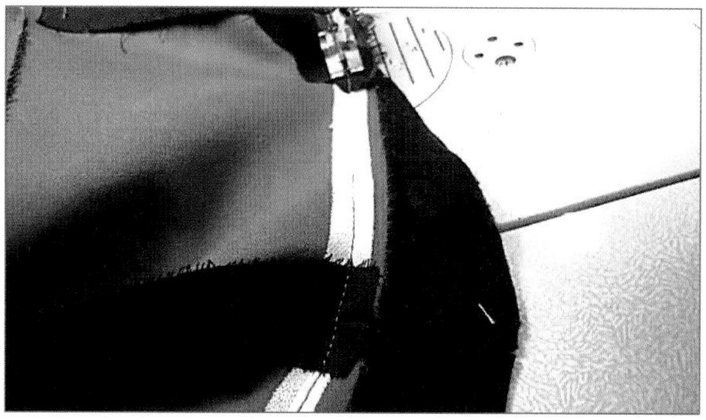

소매산에는 어깨심지(마꾸라지, 슬리브 헤딩)를 맞대어 2.5×(18~20)cm 정도의 길이로 앞을 1cm 짧게 달아준다.

1. 어깨심지는 소매 아래쪽에 놓고 박음질한다.
2. 디자인에 따라 편모 어깨심지 또는 몸판 어깨점에 덧단(보조대)을 달기도 한다.

③⓪ 진동 다림질하기

▲ 소매 다리밋대에 끼워 넣고 진동둘레를 오그림하듯 다림질한다.

앞길 안단의 당김을 확인하고 소매 위치를 확인한다. ▶

👑 소매 달림 위치는 몸판 옆솔기선을 기준으로 약간 앞길 방향 쪽으로 달아야 한다.

③② 안감 만들기

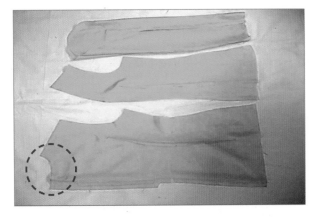

1. 뒷중심에는 안감에 여유를 주기 위해 주름분을 만든다.

2. 뒷목둘레 중심 하단에서 5cm 정도 내려서 등허리 부분 까지 여유를 준다.

3. 프린세스 라인 다트 시접은 중심 쪽으로 마주 보게 하여 다림질하고, 어깨와 옆솔기는 뒤판 쪽으로 다림질한다.

안감이 완성된 모습 ▶

③① 겉감 중간 공정 완성하기

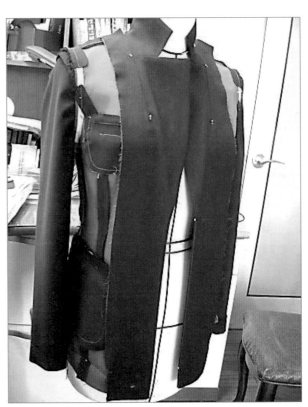

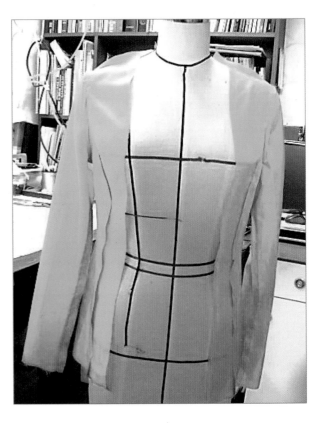

33 안단에 안감 연결하기

 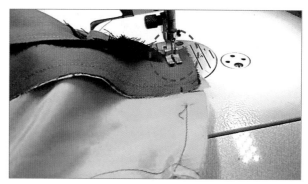

1. 앞 안단과 안감을 맞대어 안감을 위에 두고, 안단 쪽에 여유를 주면서 밑단 완성선을 기준으로 2cm 띄우고 박음질한다.

2. 안단 어깨선과 뒤판 어깨선 부분을 연결하여 박음질한다.

3. 시접은 뒤판 쪽으로 다림질한다.

34 겉칼라 & 안감 목둘레선 연결하기

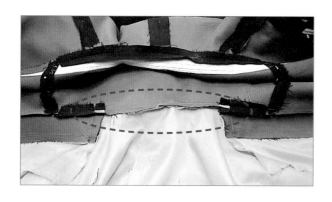

어깨선 부분을 연결한 후 겉칼라 목둘레선과 안감 뒷목둘레선을 부분 박음질한다.

35 목둘레선 고정 시침하기

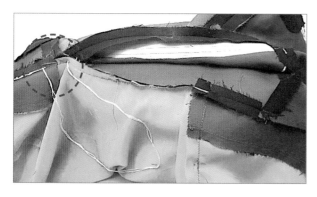 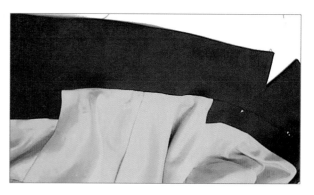

1. 가름솔 처리한 겉칼라, 안칼라의 목둘레선 시접을 맞대어 몸판 쪽 시접끼리 고정 시침한다.

2. 라펠 및 칼라 목둘레선 부분의 합복이 완성된 모습

👑 칼라 및 라펠 부분을 자연스럽게 정리한 후 겉면에서 목둘레선을 1차 시침한 뒤 고정 시침하면 안전하다.

36 안감 & 몸판 밑단 합복하기

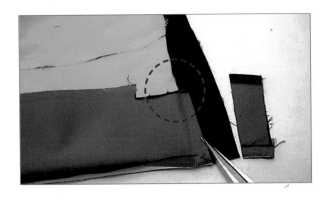

1. 앞길 밑단 처리는 안단을 뒤로 보내어 완성선 밖으로 0.5cm 정도 띄우고 박음질한다.

2. 안단 밑단 시접은 계단식으로 자른 후 뒤집기하여 다림질한다.

> 🔻 안단 길이로 2cm 띄운 부분은 원단 두께 및 디자인에 따라 공정이 다양하다.

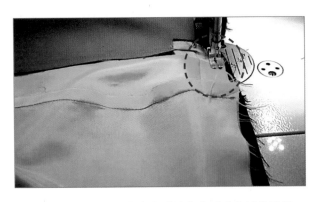

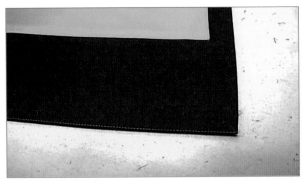

3. 안감을 위로 하여 안단 솔기선에서 시작해 박음질하고, 옆솔기선에서 한 뼘 정도 창구멍을 내준 후 반대편 안단 솔기선까지 박음질하여 마무리한다.

4. 앞단 안단과 안감 밑단을 합복하여 완성한 모습

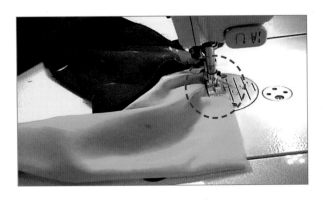

5. 소매 겉감 안쪽 솔기선과 안감 안쪽 솔기선을 맞댄다.

6. 소매 밑단 시접과 안감 시접을 맞대고 옆솔기를 시작점으로 하여 박음질한다.

> **주의** 소매가 꼬이지 않도록 한다.

7. 봉제가 끝나면 앞 안단과 밑단을 시침해둔다.

> 🔻 라펠 부분은 꺾임선 위치에서 자연스럽게 접어서 시침한다.

37 어깨 패드 붙이기(손바느질)

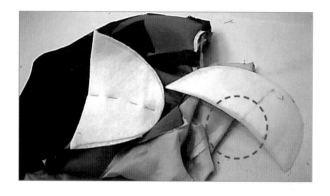

1. 어깨 패드 중심은 뒤쪽을 1cm 정도 길게 표시한다.
2. 어깨 패드의 등쪽 중심을 어깨선에 맞춰 놓는다.
3. 패드는 어깨 끝점에서 완성선 기준 1cm 정도 소매 시접 쪽으로 향하게 놓고, 어깨선 솔기 시접과 시침한다.
4. 소매산(진동) 부분을 패드 솔기에 맞대어 느슨하게 고정 시침한다.

♛ 1. 바늘을 직각으로 세워 한 바늘씩 시침하면서 패드가 납작해지지 않도록 느슨하게 달아준다.
  2. 소매와 맞닿는 패드의 양쪽 끝솔기 부분에서 2cm 정도 띄워 느슨하게 시침한 후, 2cm 띄운 지점에 1cm 미만으로 실고리를 만들어 연결하기도 한다.

38 감침질하기(손바느질)

1. 안단 솔기선, 상의 밑단, 소매 밑단은 새발뜨기로 느슨하게 떠준다.

♛ 얇은 원단이나 조직이 민감한 소재는 새발뜨기를 생략하고 솔기점 위주로 고정 시침질한다.

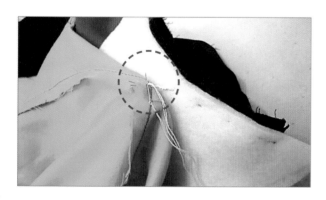

2. 어깨선 완성선 기준, 1cm 정도의 실고리를 만들어 패드 등쪽의 어깨점과 안감 어깨점에 연결한다.

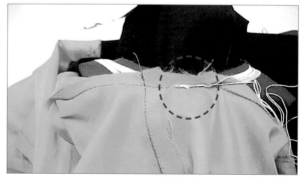

3. 진동둘레 겨드랑이점 솔기선에 몸판 옆솔기와 안감 옆솔기를 맞대어 고정 시침한다.
4. 몸판을 뒤집은 후 안감 밑단의 창구멍은 손바느질로 공구르기하여 합복해서 막는다.

39 안감 다림질하기

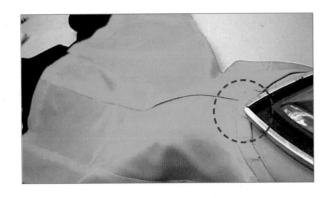

1. 진동둘레 겨드랑이 솔기선을 소매 안감 솔기 방향으로 한 번 접어서 다림질한다.

2. 안감 밑단도 완성 다림질 전에 정리한 후 다림질한다.

40 단춧구멍 및 단추 달기

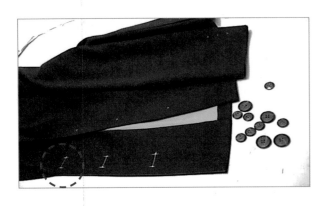

1. QQ(새눈 단춧구멍)은 앞길 겉자락 오른쪽 안단 쪽에 표시한다.

2. 앞중심선에서 단추 두께 정도 앞길 쪽으로 이동하여 표시한다.

3. 단춧구멍의 길이는 단추 지름에 단추 두께를 더한다.

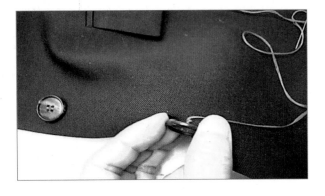

4. 단추 달기를 할 때는 시작과 끝매듭을 잘한다.

5. 실기둥 세우기는 겉자락 두께 정도 띄워서 튼튼하게 실을 감아 단다.

6. 단추 자체에 기둥이 만들어져 있으면 튼튼히 단다.

7. 앞단 안쪽(뒷면)에는 밑단추를 함께 단다.

8. 소매 트임 단추는 실기둥을 만들지 않고 장식용으로 단다.

41 완성 다림질하기

1. 실표뜨기, 시침실, 봉탈 여부를 확인한 후 정리한다.

2. 안감이 있는 완성 제작물은 안감이 열에 약하므로 안감부터 다림질한다.

3. 겉면으로 솔기선 등 시접 자국이 드러나지 않게 다림질한 후 수분(스팀)이 남아 있지 않도록 한다.

> ♨ 원단이 다리미 열에 오그라드는 현상이나 번쩍거림 현상을 미연에 방지하기 위해 다림천을 제작물 위에 올려놓고 다림질하면 안전하다.

완성된 앞모습

완성된 뒷모습

4

아이템별
패턴메이킹

- 블라우스
- 베스트
- 재킷

4-1 ## 블라우스

🪡 Band Shirts Collar Blouse

1 디자인 & 도식화

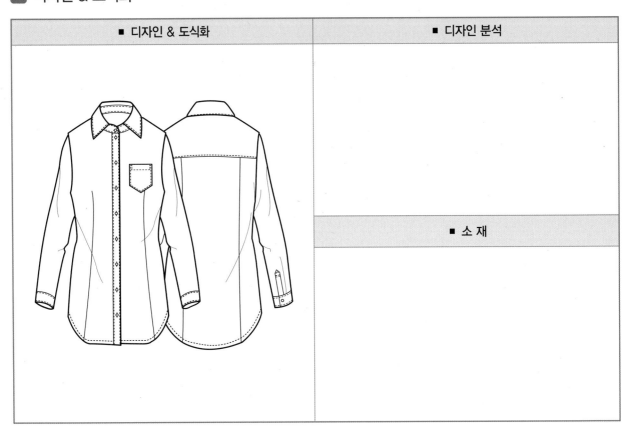

■ 디자인 & 도식화	■ 디자인 분석
	■ 소 재

2 적용 치수

치수 항목	패턴 치수	치수 항목	패턴 치수
허리둘레(W)	67cm	소매길이	58cm
엉덩이둘레(H)	94cm	커프스 너비	4cm
옷길이(L)	63cm	밴드, 셔츠 칼라	3cm, 4.5cm

1단계 〰 **옷길이 설정**

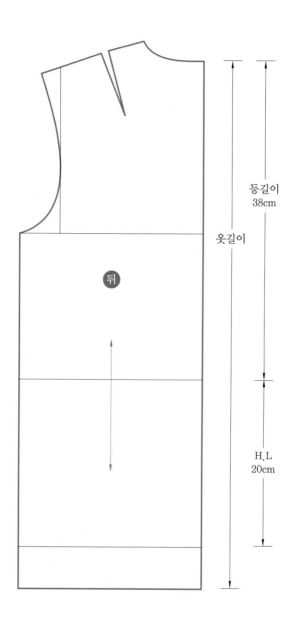

👑 방 법

- 옷길이 : 63cm 설정
- 엉덩이둘레선 위치 : 허리에서 20cm

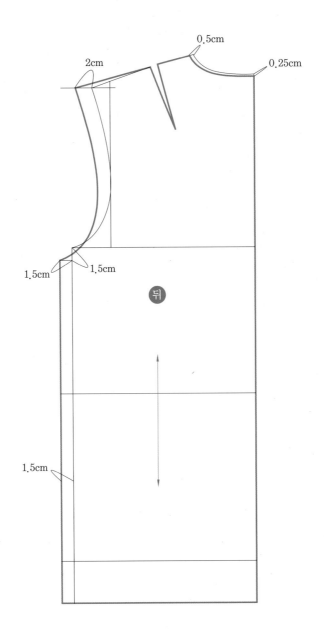

👑 **방법**

- 목둘레선 정리 : 0.5~0.25cm
- 진동 위치 : 1.5cm
- 어깨너비 연장 : 2cm
- 가슴둘레 옆선 위치 : 1.5cm

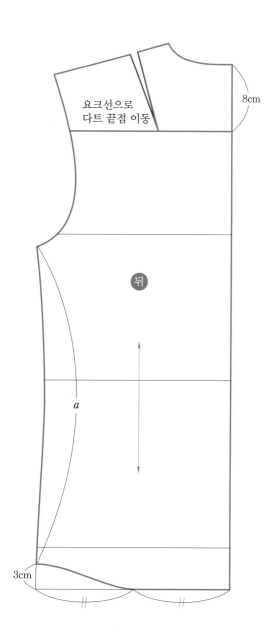

요크선으로
다트 끝점 이동

8cm

뒤

a

3cm

👑 **방 법**

- 등요크 위치는 뒷중심 목에서 8cm 내려 수평으로 설정한다.
- 밑단 옆선의 아래에서 3cm 올린 점과 밑단을 2등분한 점을 곡선으로 연결한다.
- 옆솔기 치수 *a*는 앞 밑단 옆선에 적용한다.

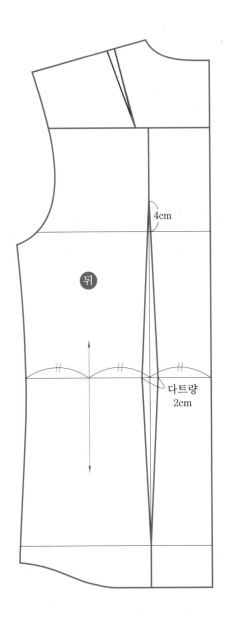

방법

- 허리둘레선을 3등분하고, 1/3 지점에서 다트량 2cm를 뒷중심 방향으로 설정한 후 다트 중심선을 그린다.
- 가슴둘레선에서 4cm 올린 점과 엉덩이둘레선을 기준으로 다트를 그린다.

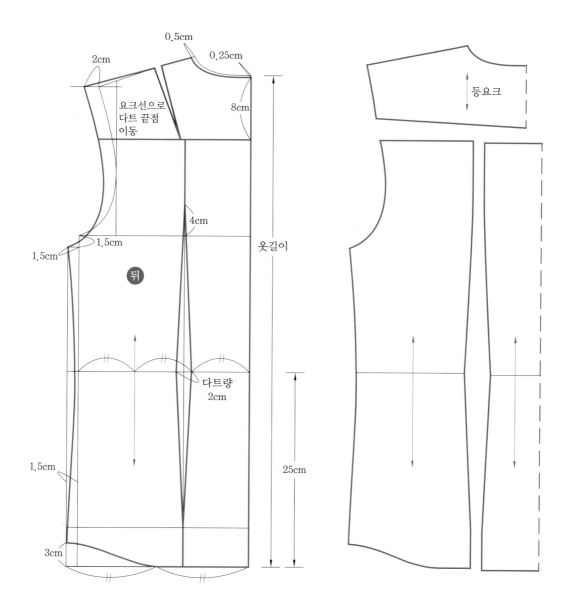

🧵 방법

- 등요크선을 절개한 후 어깨다트를 접어서 정리한다.
- 다트선을 절개하여 좌, 우 몸판을 분리한다.

1단계 ∼ 옷길이 설정

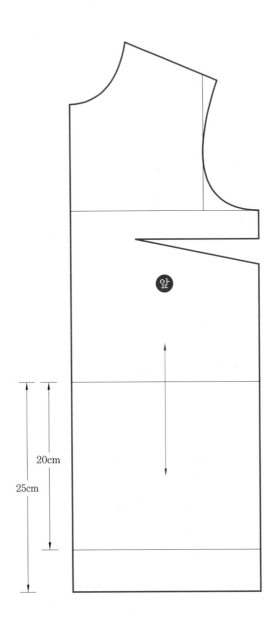

앞

20cm

25cm

📌 방법
- 옷길이 : 63cm
- 엉덩이둘레선 위치 : 허리에서 20cm

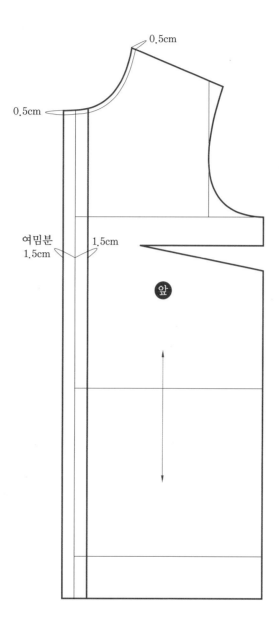

👑 방법

• 여밈분 : 3cm(중심선을 기준으로 좌, 우 각각 1.5cm)
• 목둘레선은 옆 목, 앞중심 목에서 0.5cm 깎아준다.

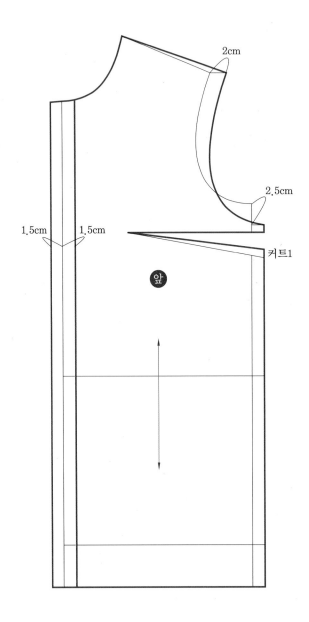

🔱 방 법

- 어깨너비 연장 : 2cm
- 가슴둘레 옆선 위치 : 1.5cm
- 진동 위치 조절 : 2.5cm

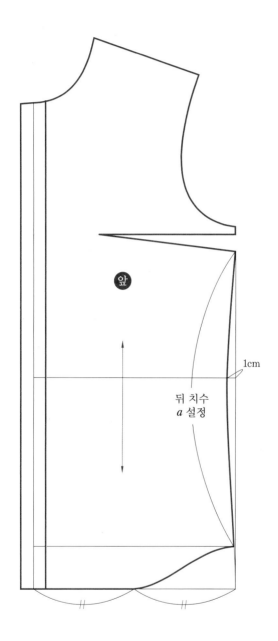

앞

뒤 치수
a 설정

1cm

⚜ **방 법**

- 허리 옆선에서 1cm fit 분량을 설정한 후 옆선을 정리한다.
- 뒤 옆솔기 치수 a는 앞 밑단 옆선을 맞춘 후 밑단을 2등분한 점과 곡선으로 연결한다.

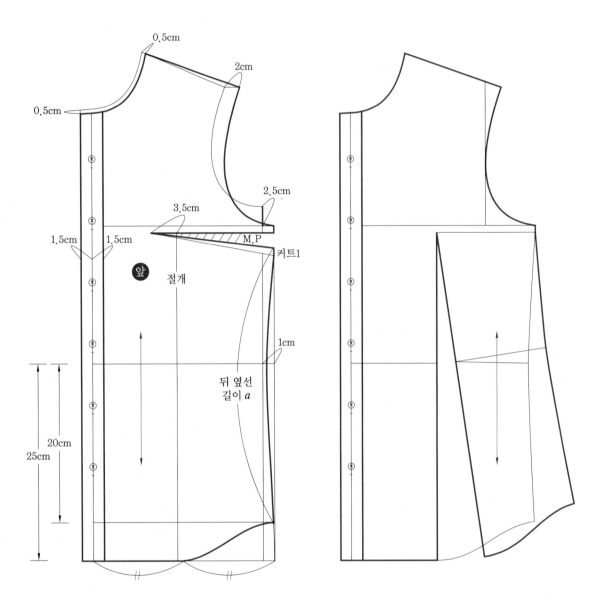

👑 **방법**

• B.P점에서 3.5cm 들어가 허리선에 직각이 되도록 밑단까지 직선으로 연결한 후 절개하고, 가슴 다트를 M.P 처리하여 허리 다트로 변환한다.

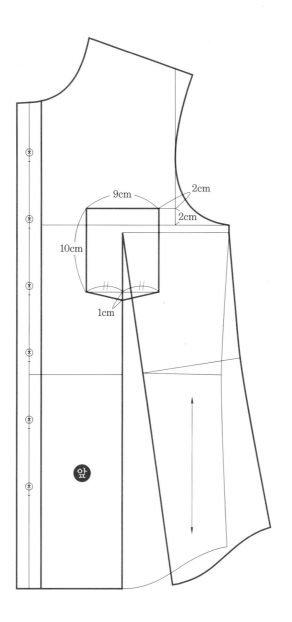

👑 **방법**

• 가슴둘레선에서 2cm 올리고 2cm 들어간 위치에서 주머니 가로값, 세로값을 설정한다.
• 주머니 너비 : 9cm, 주머니 깊이 : 10cm
• 주머니 하단 뾰족 부분이 허리 다트선에 접하도록 위치를 설정한다.

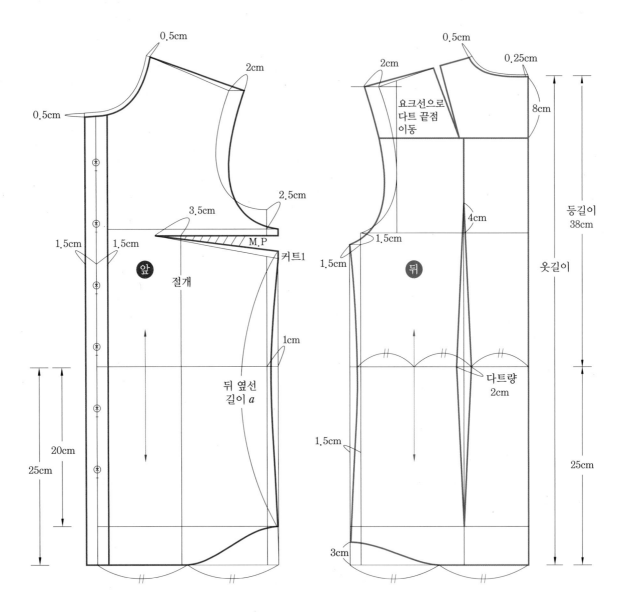

방법

- 앞, 뒤판 패턴을 완성한다.

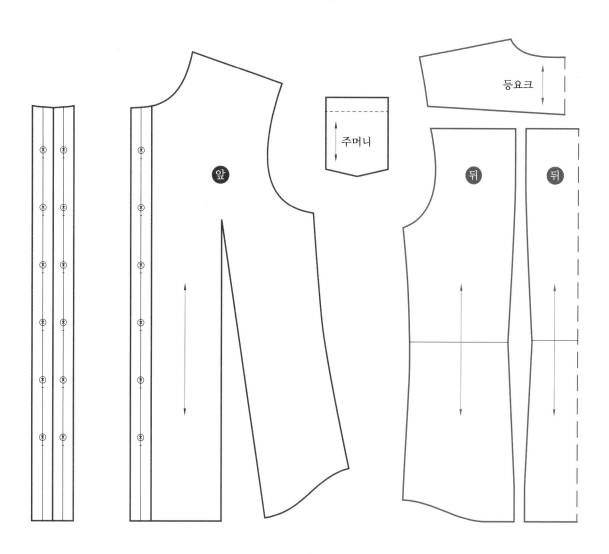

👑 방법

• 앞, 뒤판 패턴을 분리한다.

1단계 ∾ **기초선 설정**

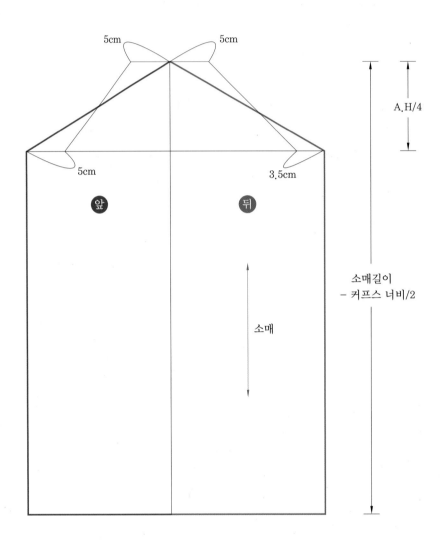

👑 **방 법**

- 소매길이 : 56cm(커프스 너비의 1/2를 빼준다)
- 소매산 : A.H/4
- 진동둘레선을 위한 보조선 설정 : 앞(5cm, 5cm), 뒤(5cm, 3.5cm)

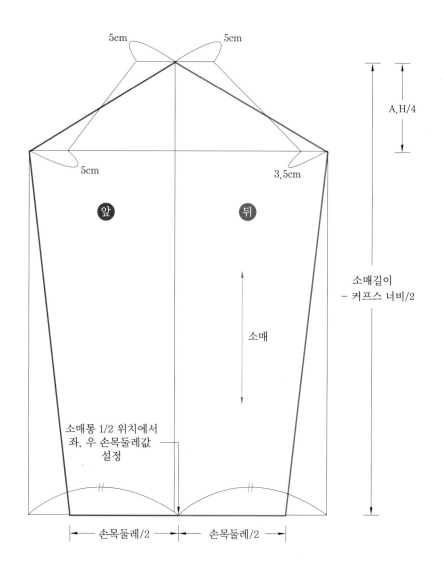

👑 **방법**

• 손목둘레 : 22cm(여유분, 여밈분 포함), 주름분(2개) : 6cm
• 소매통 1/2지점에서 14cm씩 좌, 우를 설정한 후 옆선을 연결한다.

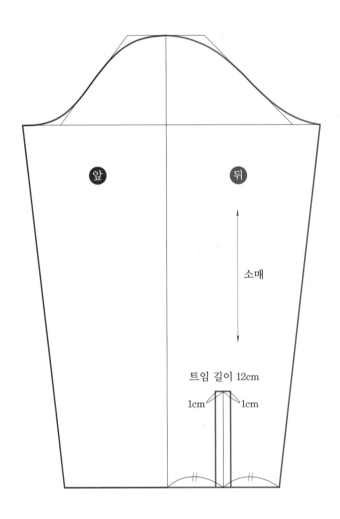

- 뒤 손목둘레를 2등분한 위치에서 트임 길이 12cm를 설정한 후 트임 너비 2cm를 설정한다.
- 진동둘레선은 두 선의 교차점을 기준으로 오목하게 또는 볼록하게 처리한다.

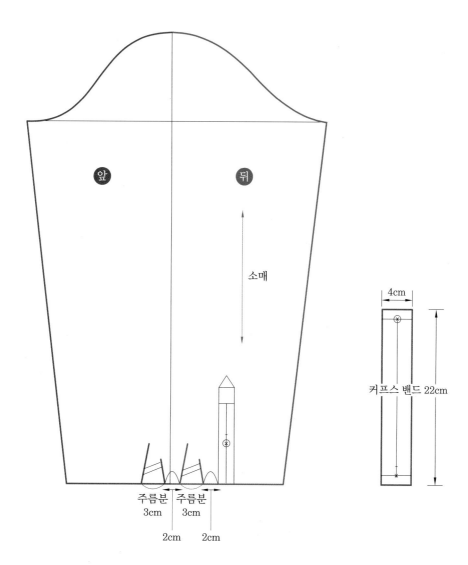

앞 뒤

소매

주름분
3cm

주름분
3cm

2cm 2cm

커프스 밴드 22cm

4cm

🔥 방법

- 커프스 시접량 : 길이(22cm), 너비(4cm)
- 첫 번째 주름 위치는 트임 위치에서 2cm 들어가서 주름분 3cm를 설정한다.
- 두 번째 주름 위치는 첫 번째 주름에서 2cm 떨어져서 주름분 3cm를 설정한다.

6 **패턴메이킹(칼라)** – 밴드 셔츠 칼라 블라우스

1단계 밴드 칼라 패턴메이킹

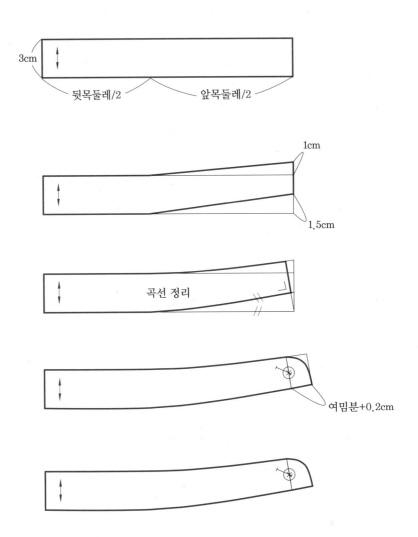

👑 방법

- 밴드 칼라 너비 : 3cm
- 밴드 칼라 여밈분은 소재의 두께를 고려하여 0.2cm 추가해서 1.7cm 정도로 설정한다.
- 밴드 칼라 앞부분은 뒷중심 너비보다 조금 작게 설정한다.

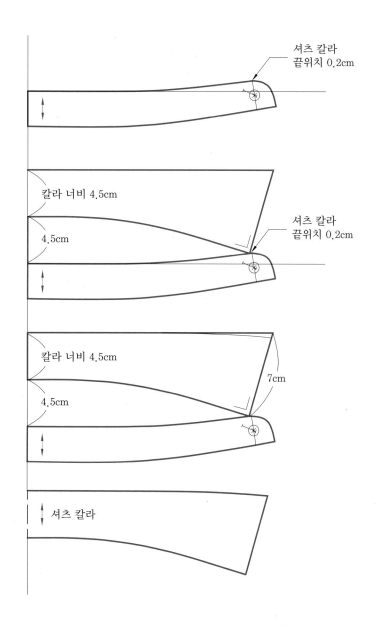

셔츠 칼라
끝위치 0.2cm

칼라 너비 4.5cm

4.5cm

셔츠 칼라
끝위치 0.2cm

칼라 너비 4.5cm

4.5cm

7cm

셔츠 칼라

방법

- 셔츠 칼라 너비 : 4.5cm
- 칼라의 깃 너비와 각도는 디자인에 따라 결정된다.

♔ V-Neck Vest

1 디자인 & 도식화

■ 디자인 & 도식화	■ 디자인 분석
	■ 소 재

2 적용 치수

치수 항목	패턴 치수	치수 항목	패턴 치수
허리둘레(W)	67cm	단추 크기	12mm
엉덩이둘레(H)	94cm	주머니 크기	3×11cm
옷길이(L)	50cm		

1단계 옷길이 설정

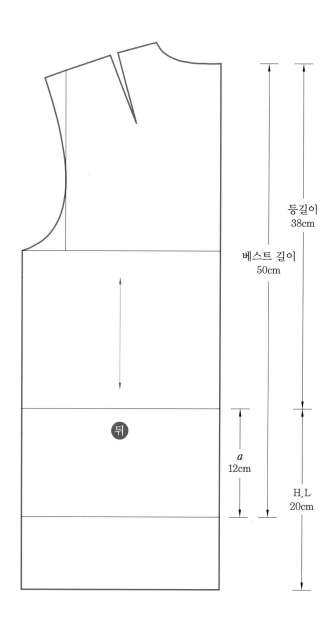

⚜ **방법**

- 옷길이 : 50cm
- 엉덩이둘레선 위치 : 허리에서 20cm

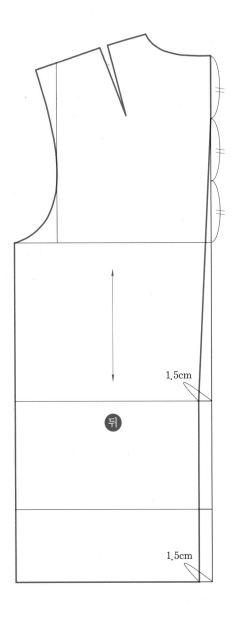

1.5cm

뒤

1.5cm

👑 **방 법**

• 진동 깊이 : 3등분
• 뒷중심 허리선과 엉덩이둘레선에서 1.5~2cm 깎아준다.
• 뒷중심선은 진동 깊이를 3등분한 1/3지점에서 등이 굽은 모양으로 곡자를 사용하여 정리한다. 이 위
  치는 체형의 유형에 따라 달라진다.

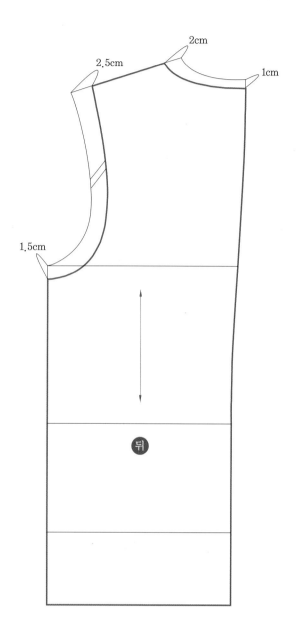

👒 **방 법**

- 칼라가 없으므로 목을 여유 있게 정리한다(옆 목 : 2cm, 뒷중심 목 : 1cm).
- 디자인에 따라 수치적인 부분은 다르게 적용된다.
- 어깨너비는 2.5cm, 진동 위치는 1.5cm 내려서 새로운 진동둘레선으로 정리한다.

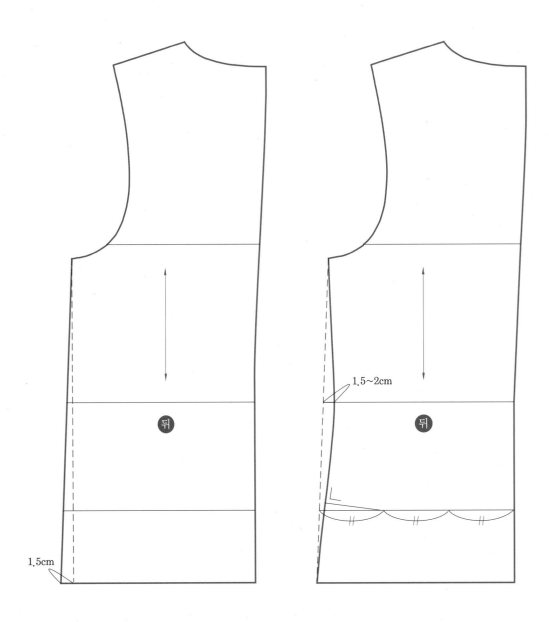

1.5~2cm

뒤

뒤

1.5cm

👑 방법

- 엉덩이둘레선에서 1.5cm 연장한 후 진동 위치와 직선으로 연결하면 박스라인의 옆솔기선이 된다.
- 허리 옆선은 디자인의 fit 정도에 따라 옆솔기선을 조절한다(1.5~2cm).

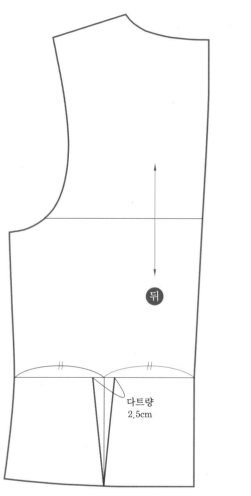

다트량
2.5cm

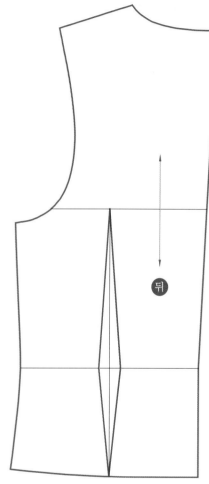

👑 **방법**

- 허리 다트는 디자인에 따라 위치가 결정된다.
- 허리둘레선을 2등분하여 다트 중심선으로 설정하고, 다트량은 2.5cm로 한다.

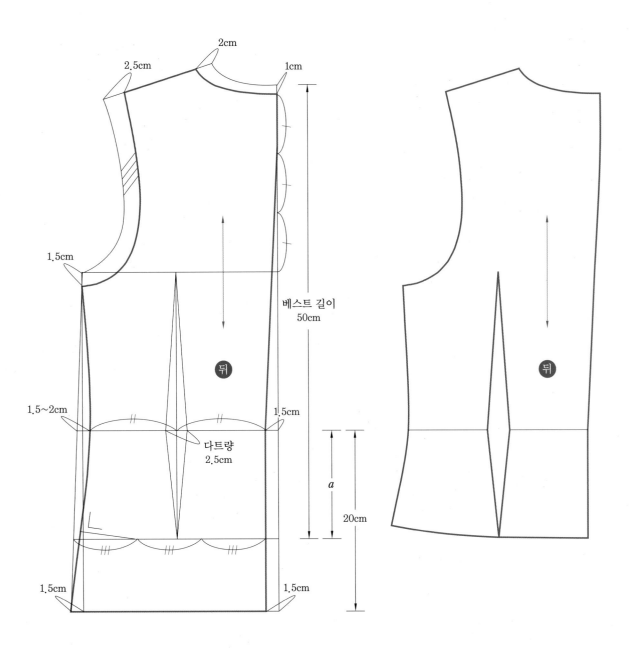

2cm

2.5cm

1cm

베스트 길이
50cm

1.5cm

뒤

뒤

1.5~2cm

1.5cm

다트량
2.5cm

a

20cm

1.5cm

1.5cm

👑 **방법**

• 뒤판 패턴을 완성한다.

4 패턴메이킹(앞판) – V-Neck 베스트

1단계 〰 옷길이 설정

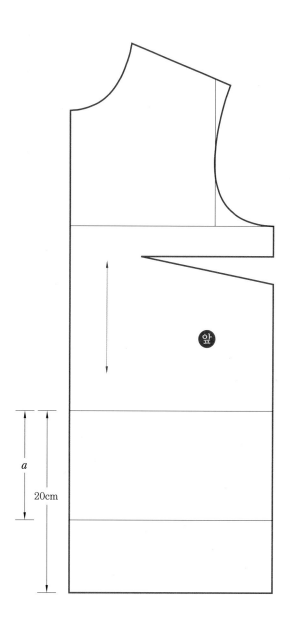

♨ 방 법

- 옷길이 : 50cm(뒤 치수 a 연장)
- 엉덩이둘레선 위치 : 허리에서 20cm

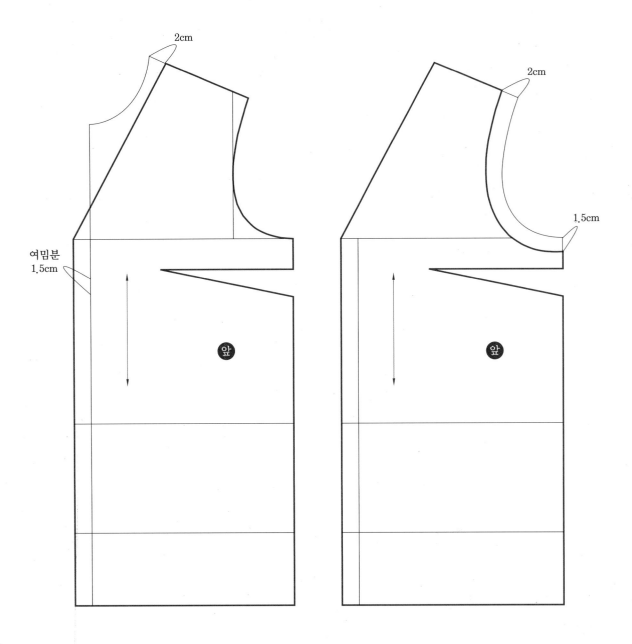

👑 방 법

- 여밈분 : 1.5cm
- 옆목을 2cm 내리고, V-Neck 앞중심 위치는 가슴둘레 위치를 기본으로 하여 연령이 낮아지면 조금 더 내려서 정리할 수 있다(3cm 정도).
- 진동둘레선은 어깨너비 2cm, 진동 깊이 1.5cm를 내려서 정리한다.

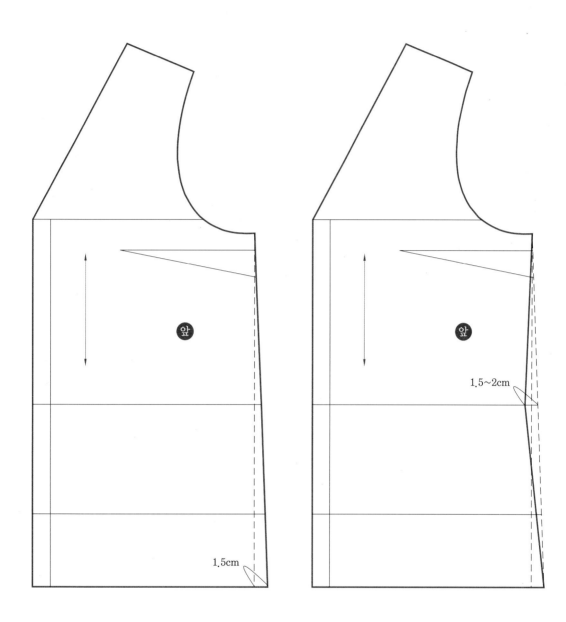

방법

- 엉덩이둘레선 위치에서 1.5cm 연장한 후 진동 위치와 직선으로 연결하면 박스라인의 옆솔기선이 된다.
- 허리 옆선은 디자인의 fit 정도에 따라 옆솔기선을 조절한다(1.5~2cm).

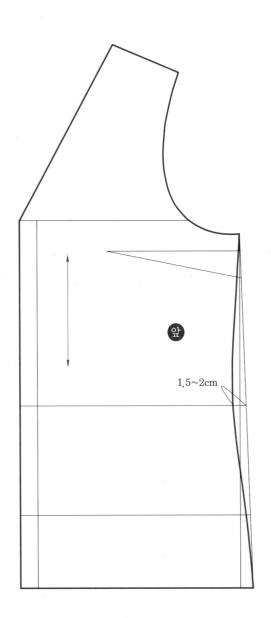

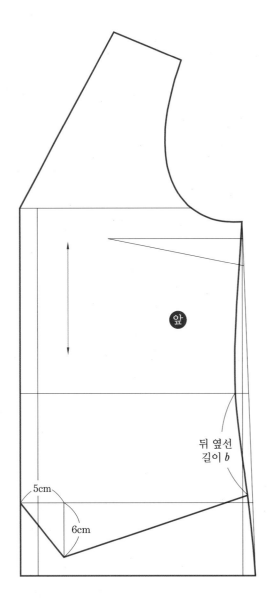

1.5~2cm

앞

뒤 옆선
길이 *b*

5cm

6cm

🔥 방법

- 허리 옆선 위치에서 뒤 옆선 길이 *b*를 맞춰 옆선의 밑단 위치를 설정한다.
- 베스트 앞중심의 밑단 위치에서 디자인에 맞게 오른쪽으로 5cm, 아래로 6cm 위치를 설정한 후 옆선
  의 밑단 위치와 밑단선을 정리한다.
- 앞중심 밑단의 디자인에 따라 수치적인 부분은 다르게 적용된다.

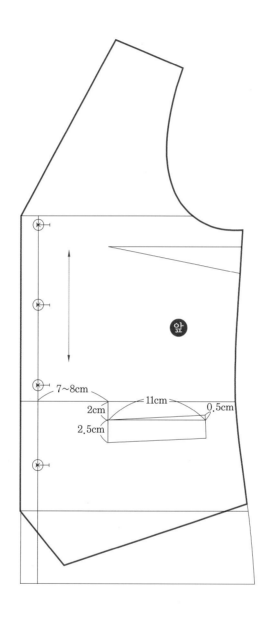

🔥 **방법**

- 앞중심 허리둘레선에서 7~8cm 들어간 수직선상에서 주머니 위치를 결정한다.
- 7~8cm 들어간 수직선상에서 아래로 2~2.5cm 내려간 위치에서 주머니 가로값, 세로값을 설정한다.
- 주머니 너비 : 11cm, 주머니 깊이 : 2.5cm
- 주머니 윗선은 옆선 쪽이 0.5cm 정도 기울어지게 설정한다.

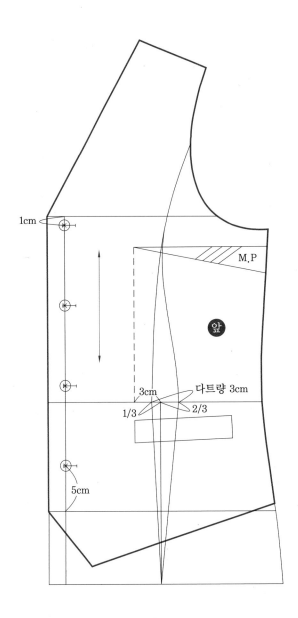

⌚ 방법

- B.P 위치에서 허리선 방향으로 안내선을 설정한 후 3cm 이동한 다음 다트량을 설정한다.
- 다트량은 뒤 허리 다트보다 0.5cm 크게 설정하고, 다트 중심선을 기준으로 1/3은 왼쪽으로, 2/3는 오른쪽으로 설정한 후 다트선을 정리한다.
- 허리 다트 위치에서 진동 방향으로 진동둘레선을 연결한다.
- 단추 위치 : 첫 번째 단추는 V-Neck 하단에서 1cm 내려서 설정하고, 마지막 단추는 밑단 위치에서 5cm 올라간 위치에 설정한다(중간 단추 위치는 단추 수에 맞게 등분하여 결정).

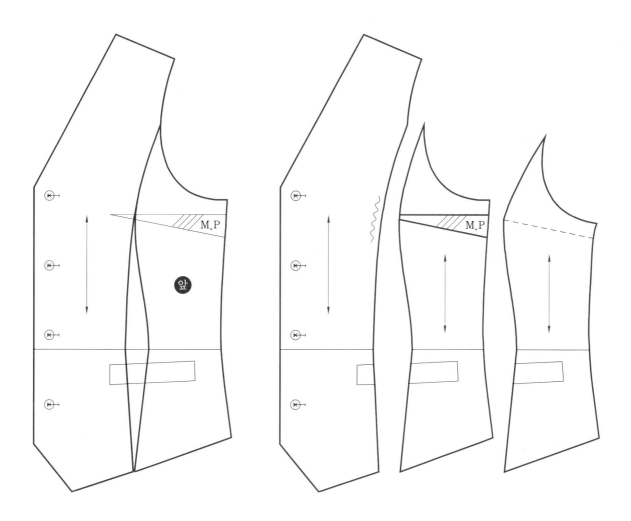

👑 방 법

• 앞판 패턴을 완성하고 패턴을 분리한다.

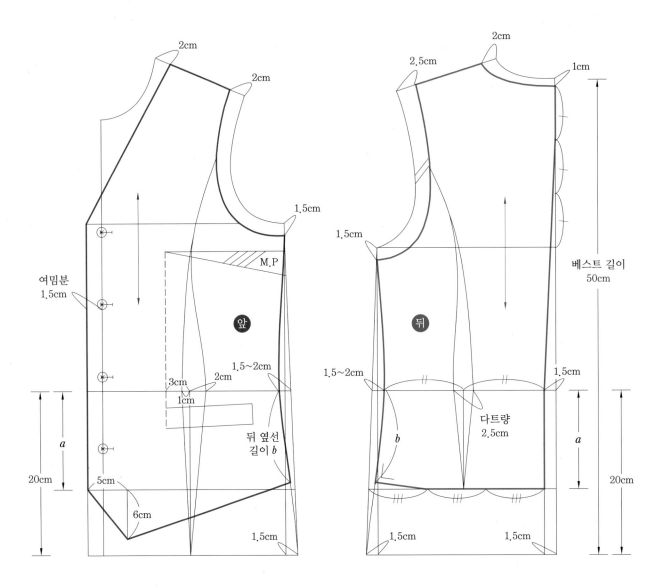

👒 **방 법**

• 앞, 뒤판 패턴을 완성한다.

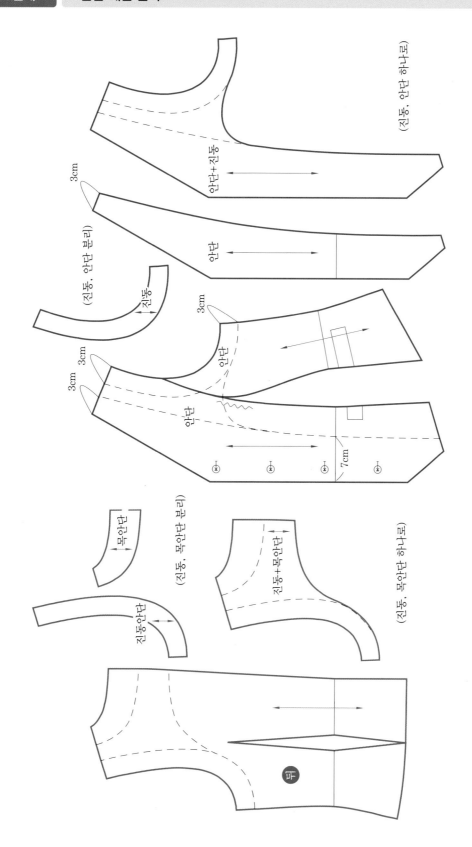

4-3 재킷

☆ 8Pannel Jacket

1 디자인 & 도식화

■ 디자인 & 도식화	■ 디자인 분석
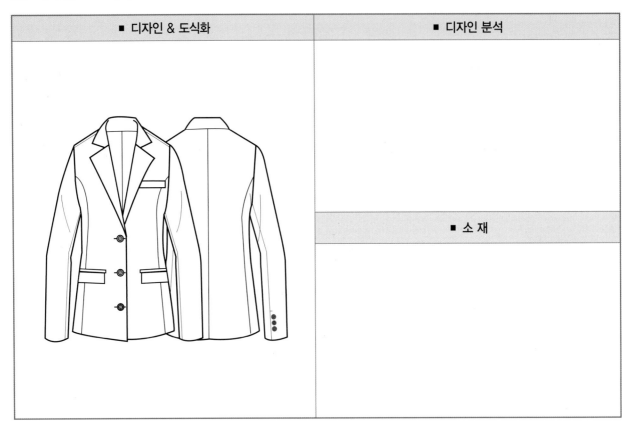	
	■ 소 재

2 적용 치수

치수 항목	패턴 치수	치수 항목	패턴 치수
허리둘레(W)	67cm	소매산	A.H/3
엉덩이둘레(H)	94cm	주머니 크기	4.5×12cm
옷길이(L)	60~64cm	칼라 너비/세움분	4.5/2cm
소매길이	58cm	라펠 너비	7~9cm
손목둘레(부리)	26cm	단추 크기	15mm

1단계 〜 옷길이 설정

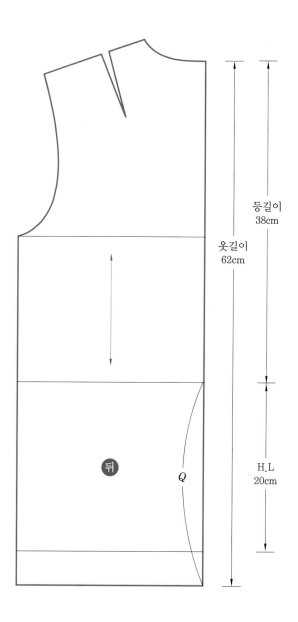

♨ **방 법**

- 옷길이 : 62cm
- 엉덩이둘레선 위치 : 허리에서 20cm

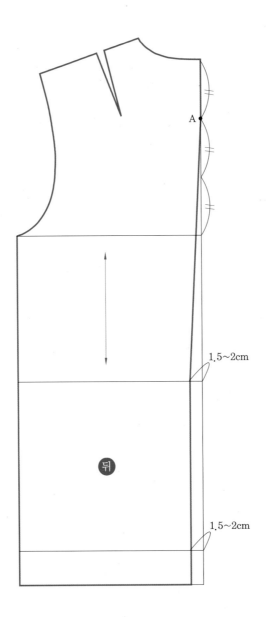

1.5~2cm

뒤

1.5~2cm

👑 방 법

- 진동 깊이를 3등분하여 점 A를 설정한다.
- 뒷중심선은 뒷중심 허리둘레선과 엉덩이둘레선에서 1.5~2cm 깎아준다.

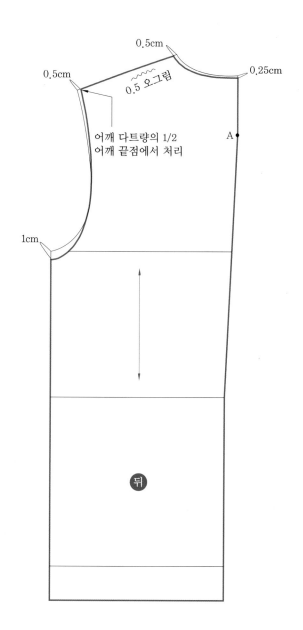

🎀 **방 법**

- 목둘레선 : 옆 목(0.5cm), 뒷중심 목(0.25cm)
- 어깨에서 0.5cm는 오그림하고, 나머지 0.5cm는 어깨 끝점에서 다트 처리한다.
- 진동 깊이는 1cm 내려서 진동둘레선을 정리한다.

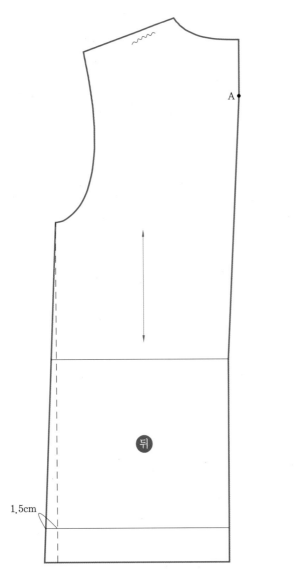

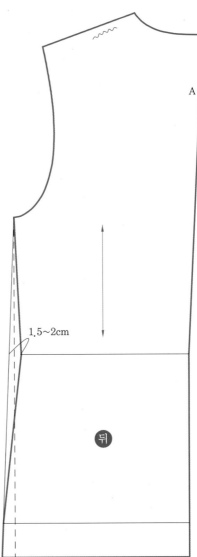

방법

- 엉덩이둘레선에서 1.5cm 연장하여 진동 위치와 직선으로 연결하면 박스라인의 옆솔기선이 된다.
- Box 옆선과 허리둘레선이 만나는 곳에서 허리 fit 분량을 1.5~2cm로 설정하고 옆선을 정리한다.

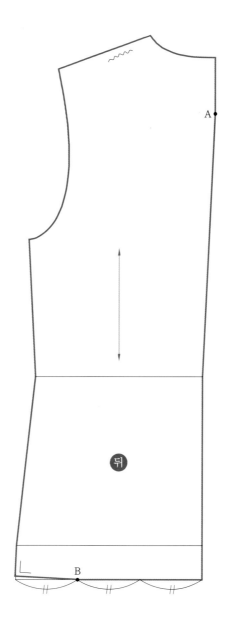

👑 방법

• 밑단을 3등분하여 2/3지점 B를 기준으로 옆선에 직각을 잡은 다음 곡선으로 정리한다.

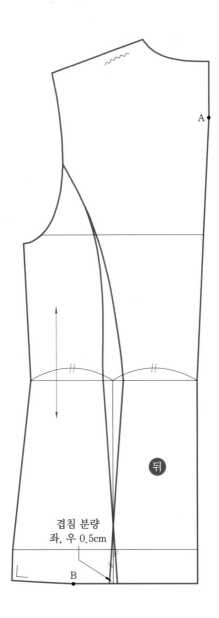

방법

- 허리둘레선을 2등분한 지점에서 다트 중심선을 설정하고, 다트량 2.5cm를 설정한다.
- 밑단 위치에서는 다트 중심선을 기준으로 겹침 분량을 좌, 우 각각 0.5cm로 설정하고, 다트선을 연결한다.
- 진동둘레선이 끝나는 지점은 디자인에 맞게 그 위치를 설정하고 정리한다.

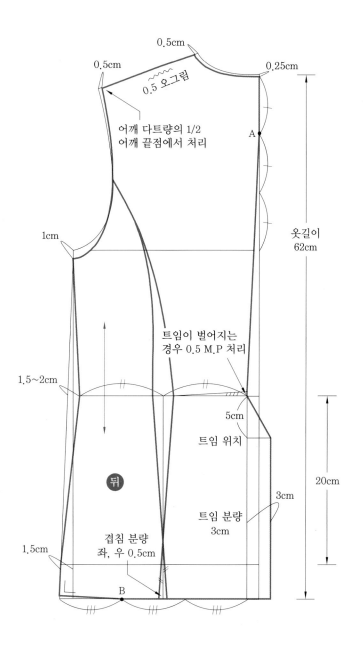

0.5cm

0.5cm

0.5 오그림

0.25cm

어깨 다트량의 1/2
어깨 끝점에서 처리

A

옷길이
62cm

1cm

트임이 벌어지는
경우 0.5 M.P 처리

1.5~2cm

5cm

트임 위치

뒤

20cm

트임 분량
3cm

3cm

겹침 분량
좌, 우 0.5cm

1.5cm

B

👑 **방법**

· 뒤판 패턴을 완성한다.

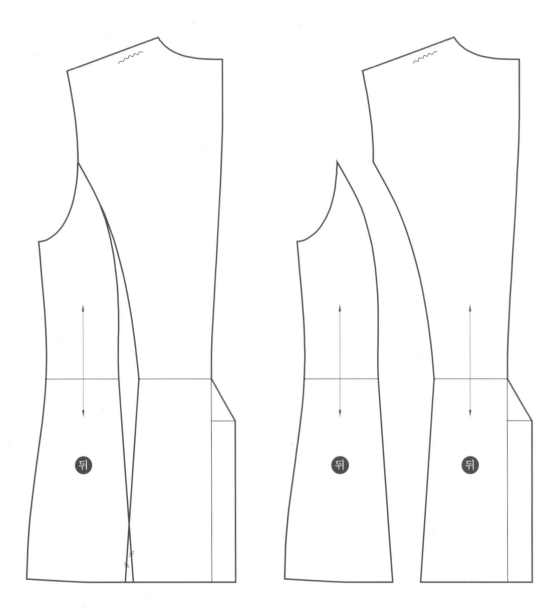

♔ 방 법

• 패턴을 분리한다.

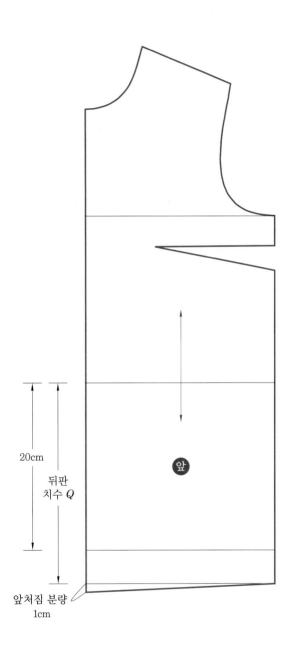

👑 **방 법**

- 뒤판을 기준으로 뒤판 치수 Q만큼 길이를 연장하고 엉덩이둘레선을 표시한다.
- 엉덩이둘레선 위치 : 허리에서 20cm
- 앞처짐 분량 : 1cm 연장

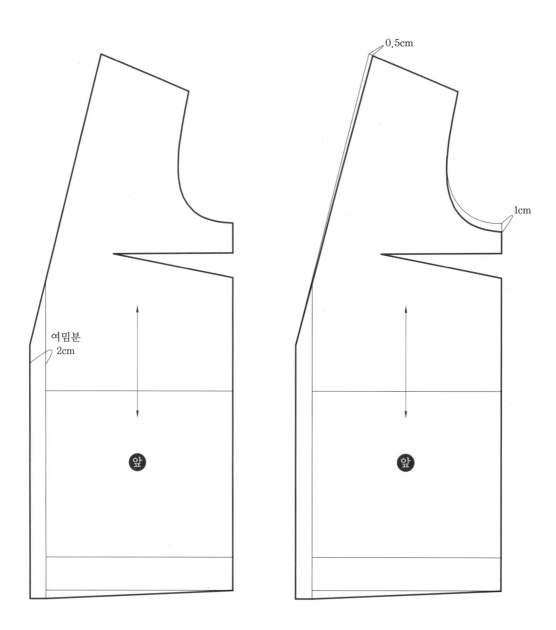

⛌ 방 법

- 여밈분 : 2cm
- 옆목점은 0.5cm 깎아준다.
- 진동 깊이는 1cm 내려서 진동둘레선을 정리한다.

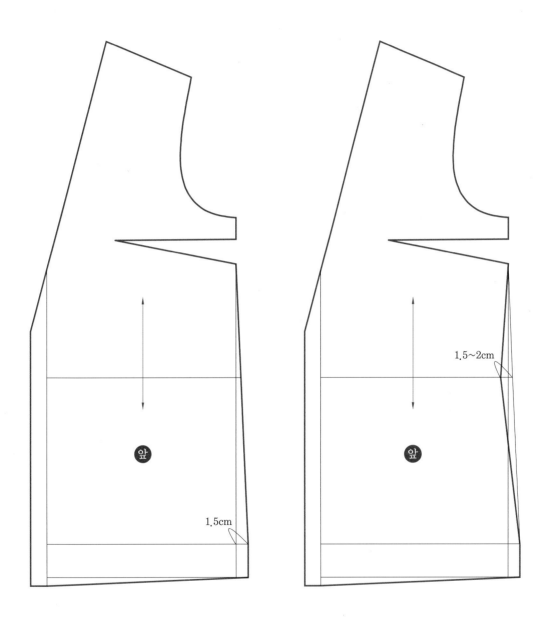

1.5~2cm

1.5cm

앞

앞

👑 **방법**

• 엉덩이둘레선에서 1.5cm 연장하여 진동 위치와 직선으로 연결하면 박스라인의 옆솔기선이 된다.
• 박스 옆선과 허리둘레선이 만나는 곳에서 허리 fit 분량을 1.5~2cm로 설정하고 옆선을 정리한다.

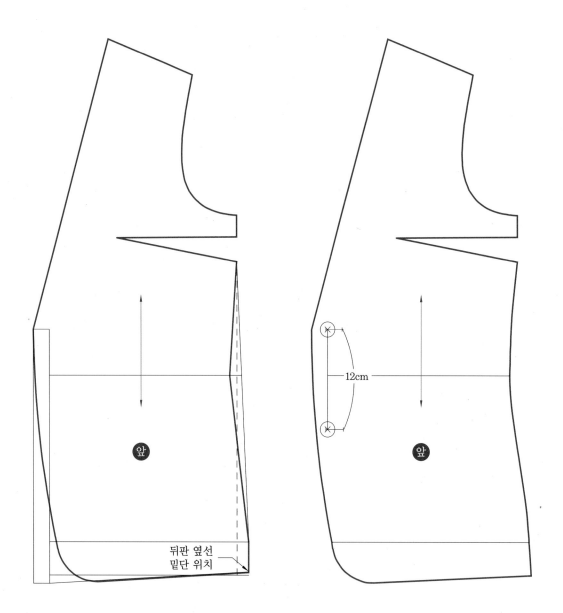

뒤판 옆선
밑단 위치

앞

12cm

앞

👑 **방 법**

- 뒤판 옆선의 밑단 위치를 기준으로 앞밑단선을 정리한다(앞중심 밑단선의 곡선 모양은 디자인에 맞게 처리한다).
- 단추 위치 : 첫 번째 단추는 라펠이 끝나는 곳으로 하고, 단추 간격은 12cm로 설정한다.

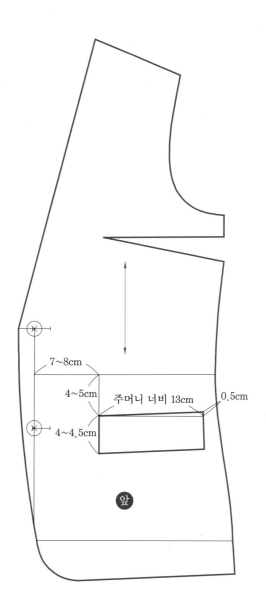

☀ 방 법

- 앞중심 허리둘레선에서 7~8cm 들어가 수직으로 4~5cm 내려온 점에서 주머니 위치를 설정한다.
- 주머니 크기는 13×4.5cm로 설정한다.
- 옆선 쪽 주머니 위치가 0.5cm 정도 기울어지도록 재설정한다.

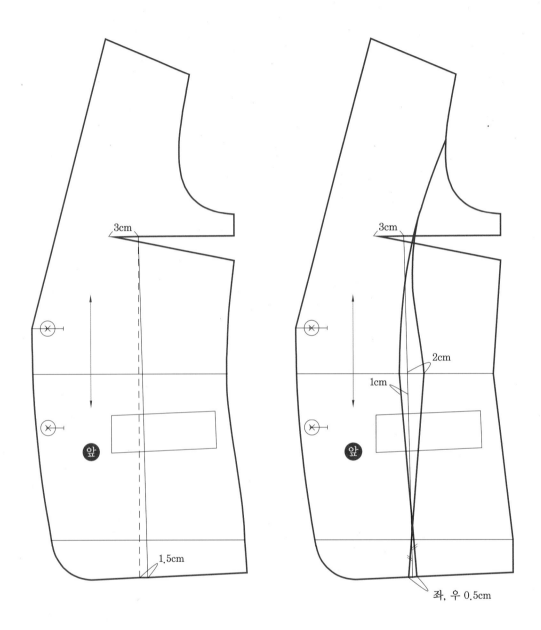

👑 **방법**

- B.P점에서 3cm 들어간 위치에서 밑단 방향으로 안내선을 설정한 후 다시 1~1.5cm 이동한 점과 직선으로 연결하여 다트 중심선을 설정한다.
- 허리둘레선의 다트 중심선 위치에서 다트량을 3cm로 설정한다.
- 밑단 위치에서 겹침 분량을 좌, 우 각각 0.5cm로 설정한 후 다트선과 진동둘레선을 그린다.

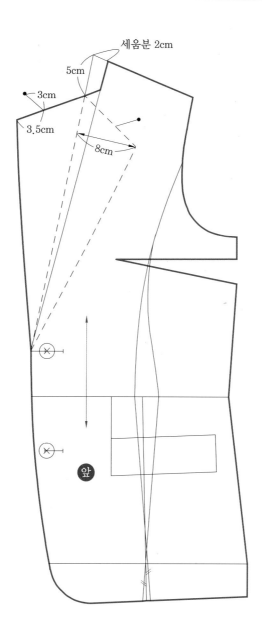

방법

- 꺾임선은 옆목점에서 세움분 2cm를 설정하고 꺾임선을 연결한다.
- 어깨선상의 꺾임선에서 4~5cm 내려와 디자인에 맞게 고지선을 설정한다.
- 라펠 폭은 꺾임선에서 직각으로 고지선 방향 7~9cm를 설정한 후 꺾임이 끝나는 앞중심 위치와 곡선으로 연결한다.
- 고지선상 칼라가 달리는 위치는 3.5cm, 칼라 깃 길이는 3cm 정도로 디자인에 맞게 기울기나 길이를 설정한다.

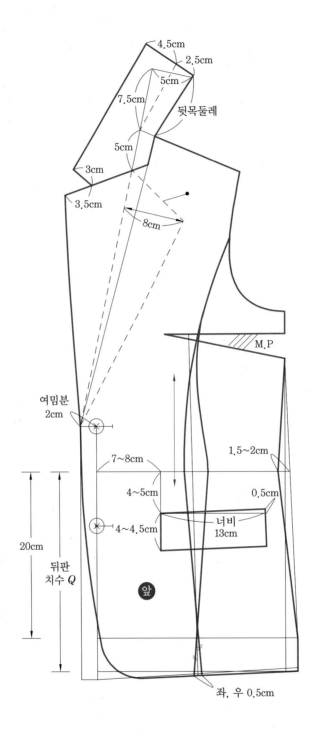

⚜ 방 법

• 앞판 패턴을 완성한다.

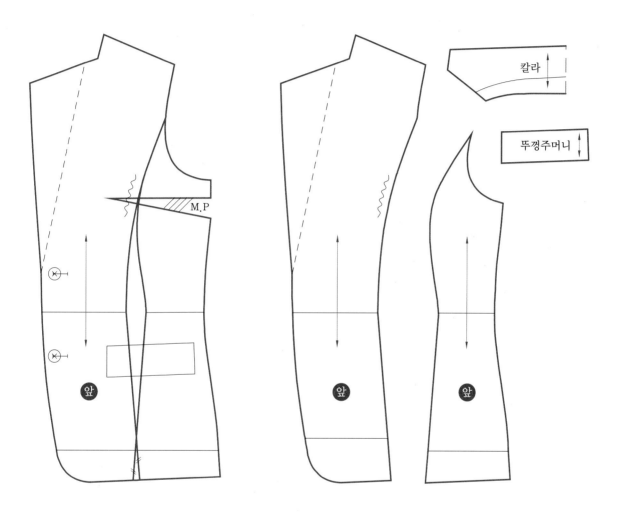

칼라

뚜껑주머니

M.P

앞

앞

앞

☀ 방 법

• 패턴을 분리한다.

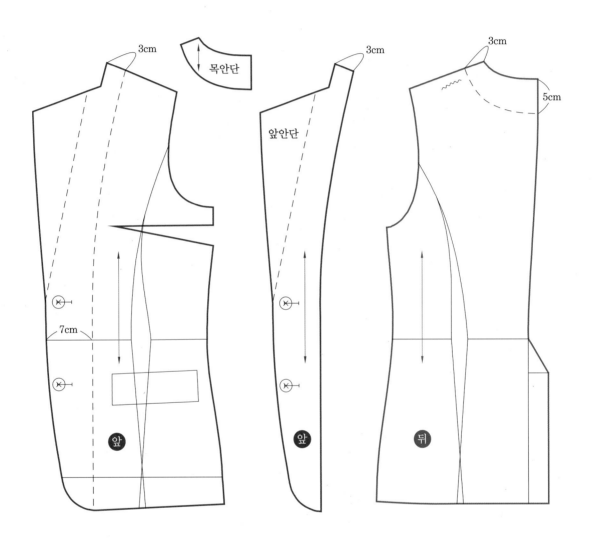

- 안단 패턴을 분리한다.

1단계 소매길이, 다트량 체크

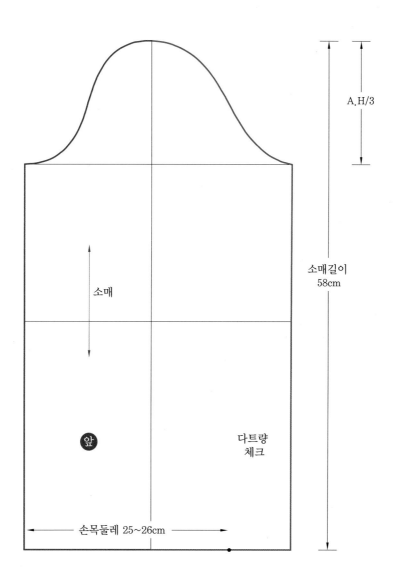

A.H/3

소매길이
58cm

소매

앞

다트량
체크

손목둘레 25~26cm

방법

- 소매길이 : 58cm
- 손목둘레는 26cm로 설정한 후 다트량을 체크한다.

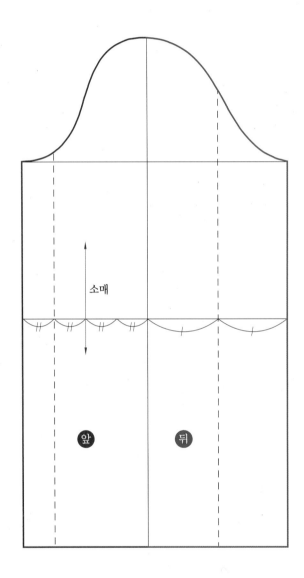

소매

앞   뒤

방 법

• 앞소매통을 4등분하여 1/4지점에서 안내선을 설정한다.
• 뒤소매통을 2등분하여 1/2지점에서 안내선을 설정한다.

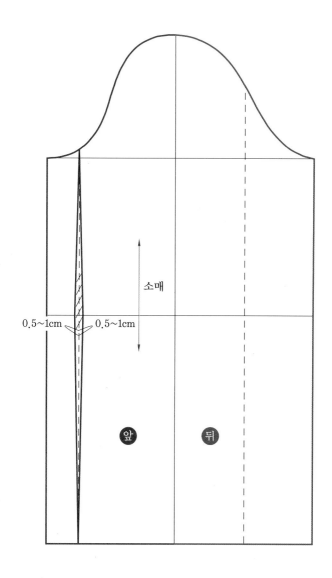

소매

0.5~1cm 〈〉 0.5~1cm

앞   뒤

👑 **방법**

• 앞소매 팔꿈치선에서 0.5cm 커트 분량을 설정하고 곡선으로 정리한다.

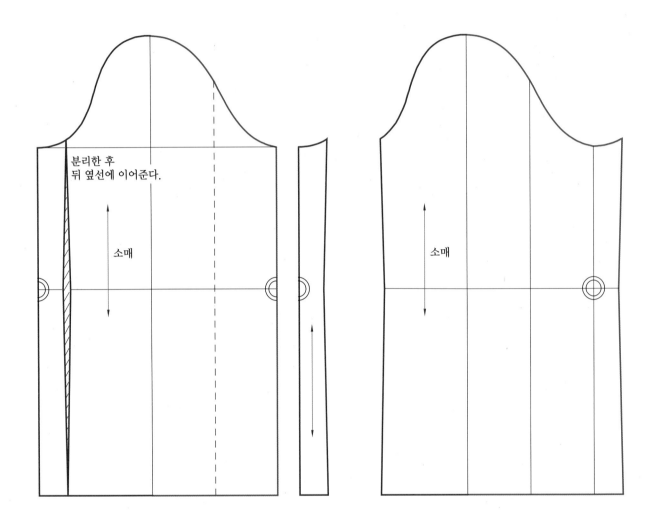

분리한 후
뒤 옆선에 이어준다.

소매

소매

👑 방법

• 앞소매 1/4 패널을 분리한 후 뒷소매 옆솔기선에 붙인다.

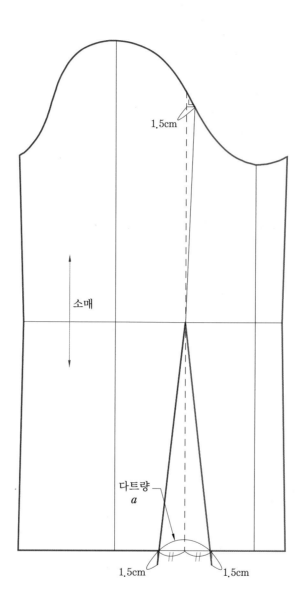

1.5cm

소매

다트량
a

1.5cm　　1.5cm

👑 **방법**

- 뒷소매 2등분선을 기준으로 밑단 위치에서 다트량 *a*를 각각 좌, 우로 설정하고, 처짐 분량 1.5cm를 연장한다.
- 위쪽은 2등분선에서 직각 방향으로 1.5cm인 지점에 위치를 설정하고 직선으로 연결한다.

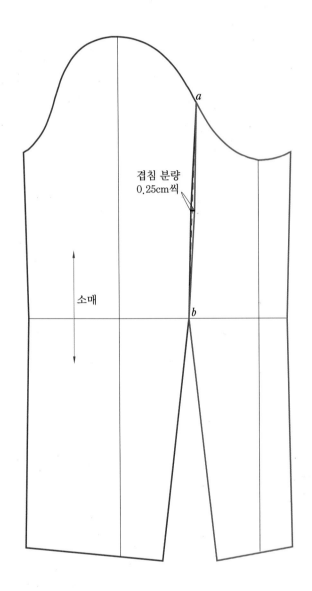

👑 방 법

• a에서 b를 2등분한 지점에서 겹침 분량을 좌, 우로 각각 0.25cm 설정하고, 곡선으로 연결한다.

7단계 트임 위치 설정

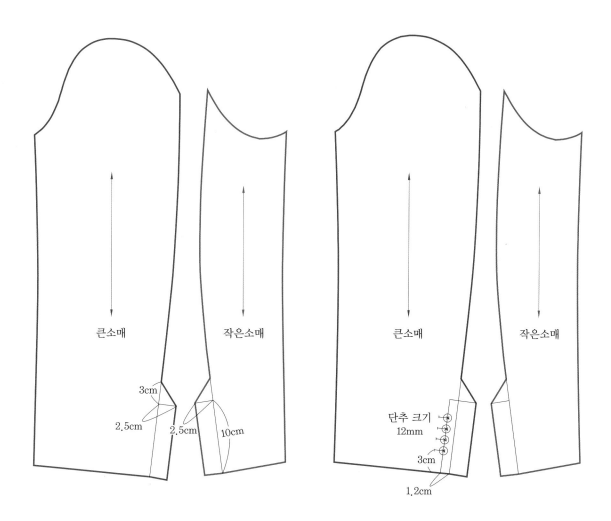

3cm

2.5cm

큰소매

2.5cm

작은소매

10cm

단추 크기
12mm

3cm

큰소매

1.2cm

작은소매

👑 **방법**

- 트임 길이 : 10cm
- 트임 분량 : 2.5~3cm
- 단추 위치 : 큰소매 솔기선에서 1.2cm 들어간 지점에 단추 위치를 설정하고, 첫 번째 단추는 소매 밑
  단에서 3cm 올라간 위치에 설정한다.

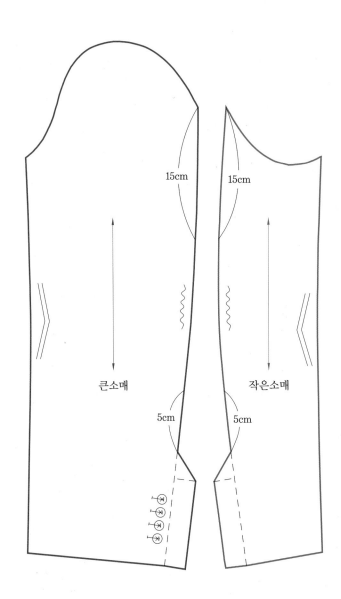

15cm   15cm

큰소매   작은소매

5cm   5cm

☼ 방법

· 소매 패턴을 분리한다.

부 록

1 현장 용어 & 순화 용어

현장 용어	순화 용어	용어의 의미
가다가미	옷본	기준이 되도록 제작해 놓은 패턴의 틀 또는 원형
가다다마	외입술	옷감을 한쪽 너비로 접어서 만든 홑겹 입술
가마	북집	재봉틀에 밑실 북을 끼우는 부분
가브라	접는단	바지 밑단을 한번 접어서 위로 올리는 것
가에리	아래 칼라, 라펠	정장 재킷 몸판의 아래 부분 칼라, 몸판 깃
가자리	끝장식, 형식 상침	칼라, 뚜껑 주머니, 앞깃 등 가장자리 장식용 봉제
간도매	매듭박기	힘을 받는 부분이 봉탈되지 않게 특종 기계로 박음질하는 것
간지	느낌, 흐름	작업자가 구상한 전체적인 모양
갱에리	칼깃	정장 재킷의 아랫깃이 뾰족한 라펠
게심	모심지	양복의 라펠 심으로 털이 혼합되어 짜인 심지
견보루	뾰족단, 접단	소매 트임할 때 끝부분을 뾰족하게 단을 접어서 던댄 단
고다찌	정밀 재단	재단된 원단에 심지 등을 붙인 뒤 앞길 완성선을 칼 재단, 나이프 커팅, 핸드 커팅을 사용하여 시접 솔기를 재단하는 것
고로시	자리잡음, 다림질	박음질이 끝난 후 시접이 많이 남은 것을 자르거나 가르고 뒤집어 다림질하는 것
고시우라	벨트 안감	허리단 안에 겉벨트 솔기와 연결된 안단
구찌	주머니	주머니 등의 트임 입구
기레빠시	천조각	재단하고 남은 작은 자투리 원부자재 조각
기리꼬미	가윗집	옷감의 당기는 솔기나 완성선 솔기 등을 표시하기 위해 가윗집을 넣는 것
기리미	실표뜨기	옷감을 두 겹으로 맞대고 완성선을 따라 맞춤 표시, 점 등을 뜬 후 두 겹의 가운데 실을 잘라 아래쪽에 놓은 옷감에도 표시하는 것
기지	천	옷감, 의복감 원단
나나인치	일자형 단춧구멍	얇은 원단의 셔츠 등에 일자 모양으로 만들어진 단춧구멍
나라시	연단하기	재단을 하기 위해 원단을 작업대 위에 여러 겹으로 펼쳐놓은 것
나마꼬	곡자	제도를 할 때, 옆선 등 곡선 그리기를 할 때 이용하며, 한쪽이 휘어진 자

현장 용어	순화 용어	용어의 의미
나오시	고침질	완성된 옷을 바로 잡거나 고치기 위해 수선하는 것
네집기	주름선	바지 앞판과 뒤판에 중심선을 접어 다림질한 주름선
노바시	늘이기	다리미나 프레스 열을 이용하여 옷감의 필요한 부분을 늘려 입체를 주고 변화시키는 것
다데	세로, 길이, 식서	원단의 길이나 세로 방향
다쓰끼	당김	편하게 놓이지 못해 부족함이 느껴져 당기는 것
다이	작업대	작업을 할 수 있는 단단한 받침대나 탁자
다찌	보정하기, 봉제준비	봉제할 때 작업이 용이하도록 시접을 다듬고 보정하는 일
단작, 단작쿠	덧단	앞단 트임 부분에 주로 덧붙이는 덧단으로, 셔츠 칼라 블라우스 등에 사용
데스망	다림대	소매산, 진동 등을 다림질할 때 사용하는 곡선형 둘레의 다림판
뎅고	코단	바지 앞중심선에 지퍼나 단추 달기를 하기 위한 단
도매	고정	솔기선, 모서리, 주머니, 장식이 달리는 끈 등 풀리기 쉬운 부분을 튼튼하게 고정하는 것
마꾸라지	소매 덧심, 어깨심지	소매산 어깨 부분을 받쳐 어깨가 올라오게 하기 위한 역할, 슬리브해딩
마다시다	안솔기	바지 안쪽 솔기
마도매	끝손질, 손감침질	손바느질, 감침질을 한 후 실밥 등을 제거하는 수작업
마이깡	걸쇠, 걸고리	바지나 스커트 여밈단에 주로 사용, 훅 & 아이(hook & eye)는 니켈 금속 재질로 되어 있음
마이다데	겉단, 단추집	바지 중심선 솔기 한쪽에 지퍼나 단춧구멍으로 처리하기 위한 단
몰짝	비대칭	겉과 안이 구별된 두 겹의 원단이 좌우대칭 되지 않고 한쪽 면으로 두 겹이 재단된 것
무까데	맞은감, 보강원단	주머니 입구나 안쪽에 겉감으로 덧대거나 연결해주는 원단
미미지	가장자리, 식서	원단의 끝 마무리 부분, 가장자리에 혼용율을 표시하기도 함
미쓰마끼	말아박기	솔기 시접이 두 번 접혀 말리면서 박음질하면 세 겹 말아박기가 됨
밑가시	안단	옷의 앞단이나 둘레 등 안쪽을 처리할 때 주로 사용
비죠	조름단	옷의 솔기, 단, 어깨, 트임 등에 달아주는 띠로, 장식을 뜻함
사이바	옆길, 옆 몸판	몸판의 앞판과 뒤판을 옆솔기 쪽 프린세스 라인으로 절개한 작은 조각
소대	소매	윗부분은 둥글게 돌아가며, 위쪽은 큰 조각판 형태이고 아래쪽은 작은 조각판 형태

현장 용어	순화 용어	용어의 의미
스쿠이	감침기계	주로 두꺼운 원단의 밑단 감치기, 공구르기를 할 때 기계에 투명사를 끼워 겉으로 실 땀이 드러나지 않게 하는 것
시끼길이	다리미판	작업대 위에 두툼한 원단이나 담요감을 먼저 펴놓고, 그 위에 광목을 올려 씌어둔 평평한 판
시다마에	안섶, 안자락	옷을 여밀 때 아래쪽으로 내려가는 부분 또는 단추가 달린 쪽
시다소대	밑소매	재킷의 두 장 소매 중 아래에 놓인 작은 조각판 소매
시루시	표시, 기호	옷감에 부속품, 부착점, 단춧구멍 표시 등 중요한 맞춤 표시를 할 때 표시하는 것
시리	뒤솔기	바지 뒤판의 중심 봉제선
시마	무늬	원단에 나타나 있는 줄 또는 줄무늬, 체크무늬
시마이	마감	마쳤다, 끝냈다를 이르는 말
시보리	고무편물, 조르기	소매나 밑단 칼라 등 점퍼 종류에 주로 사용되는 신축성이 좋고 회복률이 뛰어난 편성물
시아게	다림질	봉제가 완성된 옷을 다림질하여 마무리하는 작업
아나이도	단춧구멍 실	재킷 등에 버튼홀 스티치를 할 때 사용하는 굵은 견사
아다리	자국	다림질할 때 옷감의 솔기가 다리미의 열과 압력으로 옷감에 나타나는 자국으로, 예민한 옷감에서 주로 나타남
야마소대	큰소매	재킷의 두 장 소매 중 위쪽의 큰소매
에리고시	깃허리, 깃높이	뒤칼라가 서 있는 스탠드 부분의 칼라 높이
에리구리	목둘레선	앞길과 뒷길의 깃을 붙이는 부분
에리나시	민깃	칼라가 없는 옷
오또시미싱	속박음질	봉제된 두 솔기의 완성선 사이에 박음질된 선이 겉에서 보이지 않도록 숨겨 박음질된 봉제
오무데	겉	원단의 겉면
오비	허리단	허리에 대는 단, 허리 벨트 또는 허리띠
와끼	옆솔기	상의나 하의 등의 옆구리를 옆선 또는 옆솔기라 함
요꼬	가로, 푸서	원단 결의 가로선
우라	안감	옷의 안쪽에 안단과 연결된 안감
우아기	상의, 윗도리	정장의 상의 또는 저고리
우아마이	겉섶, 겉자락	옷을 여밀 때 위쪽 겉자락 또는 단춧구멍이 뚫린 쪽

현장 용어	순화 용어	용어의 의미
우아에리	겉깃, 윗칼라	칼라에서 아랫부분의 라펠을 제외한 윗부분의 위칼라, 겉으로 보이는 부분
유도리	여유분	기본 원형에 더해진 분량, 늘품
유비아	쇠골무	손바느질할 때 손가락에 끼는 금속 재질의 반지
이세	홈줄임	소매, 진동, 어깨선 등에 박음질선 길이와 원단의 양이 다른 솔기를 홈질함으로써 실을 조밀하게 잡아당겨 입체화시키는 방법
자고	초크	원단 원형의 완성선과 시접선을 표시하는 용구
조시	상태	기계의 조임과 풀림, 봉제 박음질선의 당김과 느슨함 등 현재의 상태
지누시	축임질	물에 광목 등 수축이 일어날 수 있는 부자재를 일정 시간 담가두는 것
지누이	초벌박기	바느질할 때 시침 형태의 기본적인 바느질
지누이도	견사	아나이도사보다 굵기가 가늘며 장식 스티치나 바느질할 때 사용
지도리	새발뜨기	새 발자국 모양으로 왼쪽에서 오른쪽 방향으로 떠줌
지에리	안깃, 안칼라	위칼라 밑 안쪽에 보이지 않는 속 칼라
진다이	인대	인체의 몰드를 만들어 체형에 맞게 다듬어 제작된 바디
찐바	짝짝이	단의 길이 등 형태가 대칭을 이루지 못해 다른 한쪽과 짝을 이루지 못한 것
콘솔(혼솔)지퍼	숨은 지퍼	지퍼의 코일이 겉에서 보이지 않도록 코일 부분이 안쪽으로 들어가게 만든 지퍼
쿠사리	실고리	쇠사슬 모양으로 손가락에 원을 만들어 엮어낸 루프, 오픈된 두 솔기 사이를 연결하여 고정시킴
쿠세도리	형태잡기	곡선으로 된 솔기 등 재단물을 인체의 체형을 연상하여 다리미로 형태를 잡는 과정
큐큐(QQ)	새눈 단춧구멍	버튼홀 스티치로 앞쪽은 새눈 모양이며 둥글고 뒤쪽은 일자 형태로 되어 있음(코트나 재킷에 주로 사용)
하꼬	상자	조끼 등 상의에 윗주머니로 네모난 상자 모양의 홑입술로 만들어진 웰트 포켓을 말함
하도메	아일릿, 새눈구멍	새눈과 같이 둥글게 구멍이 뚫린 단춧구멍으로, 니켈 금속 종류의 아일릿과 실로 감침질하여 둥글게 새눈 모양을 만듦
하미다시	루프 물어빼기	바이어스 원단 속에 실 루프를 넣어 감싸면서 박음질하여 만들어진 파이핑
후다	뚜껑	재킷 등 파이핑 주머니 사이에 끼워넣어 덮개 역할이나 장식 효과를 내는 플랩을 말함
히까리	변색	옷감을 다림질할 때 옷감의 겉 표면이 번들거리는 광택 현상이 나타난 것

섬유 감별 방법

섬유 감별은 연소 시험법(불에 닿았을 때 반응, 타는 모양, 타는 냄새, 타고 남은 재의 상태를 확인하는 방법)과 그 외의 외관적 특징을 종합하여 감별한다.

식물성 섬유	면섬유	• 연소가 빠르며 밝은 불꽃을 내며 탄다. • 종이 타는 냄새가 나고 연한 회색재(재가 많이 남지 않음)
	마섬유	• 연소가 빠르며 밝은 불꽃을 내며 탄다. • 짙은 회색재(재가 많이 남음)
	레이온 (재생섬유)	• 연소가 빠르며 종이 타는 냄새가 난다. • 회색의 부드러운 재가 남는다. • 침을 묻혀 찢으면 쉽게 찢어진다.
	면혼방 (T/C)	• 연기가 새까맣게 난다. • 연소 후 가장자리가 딱딱하게 남는다.
동물성 섬유	견섬유	• 견과 모는 1차적으로 두께와 무게로 확인 가능 (견<모) • 머리카락 타는 냄새가 난다.
	모섬유	
	모혼방	• 머리카락 타는 냄새가 난다. • 혼방의 경우 태워서 비빌 경우 끝부분에 재가 완전히 부서지지 않는다.
화학 섬유 (3대 합성 섬유)	폴리에스테르	• 검은 연기가 나고 불꽃이 없으면 저절로 꺼진다. • 재가 완전히 검은색 • 연소 후 늘리면 약간 늘어난다.
	나일론	• 독특한 냄새와 유해가스 발생 • 황갈색의 투명한 유리구슬 같은 재가 남는다.
	아크릴	• 독한 냄새가 난다. • 태울 경우 지글지글 끓는다. • 불규칙한 검은 덩어리가 남는다.
	아세테이트 (반합성)	• 식초 냄새 • 아세톤 흡착 시 구멍이 난다. • 검고 딱딱한 덩어리의 재가 남는다.

3 얼룩 빼는 방법

성 분	얼룩 종류	사용 약품
수용성	커피, 간장, 포도즙, 음료수	중성세제, 퐁퐁, 트리오, 고급알콜계 세제 → 표백 처리
	케첩, 초장	중성세제, 탄닌
	스탬프, 수성펜	로드유, 물, 중성세제, 탄닌 → 표백 처리
	머큐로크롬	중성세제, 물, 모노겐 2~3% 수용액
	옥도정기	중성세제, 물, 싸이오황산나트륨 + 요오드칼륨
	수채그림물감 술, 맥주, 양주	고급알콜계 세제, 물, 중성세제
유용성	유성 매직, 유성 볼펜, 구두약	모노클로로벤젠, 아세톤, 부틸알콜, 시너, 로드유
	페인트(유성)	사염화탄소, 메탄올, 시너
	래커(락카)	아세트산아밀, 아세톤, 부틸알콜
	식용유	모노클로로벤젠, 부틸알콜 → 중성세제 → 표백 처리
	매니큐어	로드유, 아세톤, 드라이쇼푸, 아세트산아밀, 메탄올, 시너
	인주	로드유, 모노클로로벤젠 → 중성세제 → 표백 처리
	색연필, 크레용	드라이쇼푸(클리닝 세제), 모노클로로벤젠 혼합
	화장품	아세톤, 메탄올, 시너
기타	녹물, 잉크	옥살산(수산)
	혈흔	과산화수소 → 중성세제 → 식초, 베이킹소다, 찬물에 희석한 소금물

주의 아세테이트에는 유용성 약품을 사용해서는 안 된다.

♛ 얼룩을 뺄 때의 주의사항

1. 오염이 생긴 즉시 제거한다.
2. 얼룩 종류에 적합한 방법을 선택하고 약품의 성질을 제대로 파악한 후 사용한다.
3. 표백제 사용 시 염색물의 탈색 여부를 사전에 시험한다.
4. 기계적인 힘을 심하게 주어서는 안 된다.
5. 오염 제거 시 주위 번짐에 유의한다.
6. 얼룩을 제거하기 전에 다림질 또는 건조하면 안 된다.

참고문헌

- 강숙녀, 김지민, 「어패럴테크닉」, 경춘사, 2012.
- 강숙녀, 「의복구성」, 경춘사, 2009.
- 강숙녀, 「패턴제작의 실무」, 경춘사, 2003.
- 강순희 외, 「의복의 입체구성」, 교문사, 2002.
- 권영자 외, 「서양의복구성의 실제」, 미진사, 2003.
- 김경애, 「여성복 패턴메이킹」, 경춘사, 2019.
- 김경순, 「테일러링」, 교학연구사, 1998.
- 김경순, 「패턴메이킹」, 교학연구사, 1998.
- 김경희 외, 「패션디자인을 위한 패턴메이킹」, 교학연구사, 2003.
- 김정숙, 「의류 봉제법」, 교학연구사, 1998.
- 김정숙, 「의류봉제과학」, 교학연구사, 2002.
- 나미향 외 4인, 「산업패턴설계: 여성복1」, 교학연구사, 2013.
- 나미향 외 4인, 「산업패턴설계: 여성복2」, 교학연구사, 2020.
- 양정은, 「여성복 평면패턴 제작의 기초」, 경춘사, 2012.
- 오선희, 「서양의복구성」, 예학사, 2021.
- 원영옥, 「의복구성의 기초와 응용」, 경춘사, 1992.
- 이병홍, 「봉제기법」, 교학연구사, 2001.
- 이순홍, 「서양의복구성」, 교문사, 1995.
- 임영자 외, 「패턴디자인&마커 메이킹」, 교연구사, 1999.
- 임원자, 「의복구성학(설계 및 봉제)」, 교문사, 2003.
- 전은경, 「패턴제작의 원리」, 교문사, 2000.
- 조진애 외 2인, 「의상제작과정 실무」, 경춘사, 2002.
- 천종숙, 오설영, 「패션디자인을 위한 패턴디자인」, 교문사, 2008.
- 최경미 외 3인, 「여성복 재킷 : 어패럴메이킹」, 교학연구사, 2009.
- 헬렌 조셉 암스트롱, 「헬렌 조셉 암스트롱의 패턴메이킹의 원리」, 예학사, 2011.

블라우스, 재킷, 조끼

상의 의복구성 실무

2022년 3월 25일 인쇄
2022년 3월 30일 발행

저자 : 임자영 · 김윤일
펴낸이 : 남상호

펴낸곳 : 도서출판 **예신**
www.yesin.co.kr

04317 서울시 용산구 효창원로 64길 6
대표전화 : 704-4233, 팩스 : 335-1986
등록번호 : 제3-01365호(2002.4.18)

값 20,000원

ISBN : 978-89-5649-178-3